碳纤维布加固钢筋混凝土短梁
受弯试验与计算

王廷彦　王　慧　著

科学出版社

北　京

内 容 简 介

本书在总结过去研究工作的基础上阐述了碳纤维布加固钢筋混凝土浅梁受弯性能的计算理论，为碳纤维布加固钢筋混凝土短梁受弯试验与计算提供研究基础和理论依据。本书共 8 章，包括绪论，碳纤维布加固钢筋混凝土短梁的受弯试验概况、受弯试验现象及结果分析、受弯承载力计算方法、抗弯刚度计算方法、跨中挠度计算方法、抗裂和裂缝宽度计算方法，以及碳纤维片材加固钢筋混凝土结构应用实例。本书在碳纤维布加固钢筋混凝土短梁的受弯承载力、抗弯刚度和跨中挠度计算方面有许多独到见解。

本书可为水利工程、土木工程和港口工程等领域的工程设计人员和施工人员提供技术参考，也可供高等院校相关专业的教师和研究生阅读。

图书在版编目（CIP）数据

碳纤维布加固钢筋混凝土短梁受弯试验与计算/王廷彦，王慧著. —北京：科学出版社，2022.4

ISBN 978-7-03-058656-8

Ⅰ．①碳… Ⅱ．①王… ②王… Ⅲ．①碳纤维-纤维增强混凝土-钢筋混凝土结构-性能试验 Ⅳ．①TU375

中国版本图书馆 CIP 数据核字（2018）第 200895 号

责任编辑：王 钰 宫晓梅 / 责任校对：赵丽杰
责任印制：吕春珉 / 封面设计：东方人华平面设计部

科 学 出 版 社 出版

北京东黄城根北街 16 号
邮政编码：100717
http://www.sciencep.com

北京中科印刷有限公司 印刷

科学出版社发行 各地新华书店经销

＊

2022 年 4 月第 一 版　　开本：B5（720×1000）
2022 年 4 月第一次印刷　　印张：12
字数：242 000

定价：**98.00 元**
（如有印装质量问题，我社负责调换〈中科〉）

销售部电话 010-62136230 编辑部电话 010-62135397-2052

前　　言

碳纤维增强复合材料以其优越的性能在混凝土结构加固与改造中有较多的应用。钢筋混凝土短梁的跨高比较小，但具有较大的承载力，广泛应用于建筑工程、水利工程、港口工程、交通及市政工程等领域中。粘贴碳纤维布加固钢筋混凝土浅梁的研究表明：粘贴碳纤维布可以提高混凝土梁的受弯性能，是一种很好的加固方法。将碳纤维布应用到钢筋混凝土短梁的加固中，能否改善钢筋混凝土短梁的受弯性能，以及如何反映碳纤维布加固钢筋混凝土短梁的受弯性能，是本书重点阐述的问题。

本书通过对 11 根不同跨高比的碳纤维布加固钢筋混凝土短梁进行受弯试验，探讨了跨高比、碳纤维布层数、混凝土强度和纵筋配筋率对碳纤维布加固钢筋混凝土短梁的破坏形态、极限荷载、混凝土应变、钢筋应变、纤维布应变、弯矩-平均曲率曲线、荷载-跨中挠度曲线、荷载-转角曲线及裂缝等的影响，建立了碳纤维布加固钢筋混凝土短梁受弯承载力、抗弯刚度和裂缝宽度的计算方法。

本书的主要研究内容与成果如下。

（1）分析了跨高比、纵筋配筋率和碳纤维布层数对钢筋混凝土梁极限荷载的影响。本书的研究结果表明：碳纤维布加固钢筋混凝土梁的受弯破坏主要包括碳纤维布拉断和混凝土压碎两种模式；随着跨高比的减小，碳纤维布加固钢筋混凝土梁极限荷载显著增加；随着纵筋配筋率和碳纤维布层数的增加，碳纤维布加固钢筋混凝土梁极限荷载显著提高。结合本书和已有文献的试验结果，本书提出了反映跨高比影响的碳纤维布加固钢筋混凝土短梁受弯承载力计算方法，该方法也可用于碳纤维布加固钢筋混凝土浅梁的受弯承载力计算。

（2）分析了跨高比对碳纤维布加固钢筋混凝土短梁抗弯刚度的影响。本书的研究结果表明：弯矩-抗弯刚度曲线的弯曲程度随跨高比而变化。结合混凝土梁的刚度理论，提出了考虑跨高比影响的碳纤维布加固钢筋混凝土短梁弯距-抗弯刚度全过程计算模型。在此基础上，考虑剪切变形对短梁跨中挠度的影响，本书提出了计算碳纤维布加固钢筋混凝土短梁跨中挠度的等效抗弯刚度计算模型。

（3）分析了跨高比对碳纤维布加固钢筋混凝土短梁开裂荷载和裂缝宽度的影响。本书的研究结果表明：随着跨高比的减小，碳纤维布加固钢筋混凝土梁开裂荷载显著增加；使用荷载与屈服荷载比值相同时，随着跨高比的减小，碳纤维布加固钢筋混凝土短梁的裂缝宽度减小。结合混凝土裂缝理论，本书提出了考虑碳纤维布加固和跨高比影响的碳纤维布加固钢筋混凝土短梁抗裂弯矩、平均裂缝间距、钢筋应力和裂缝宽度的计算公式。

　　本书由华北水利水电大学的王廷彦和王慧撰写。郑州大学的高丹盈审阅并修改了书稿,在此表示衷心感谢!

　　由于作者水平所限,书中难免有不足之处,恳切希望读者批评指正。

目　录

第1章　绪论 ··· 1

1.1　钢筋混凝土梁抗弯加固方法 ··· 1

1.1.1　增大截面加固法 ··· 1

1.1.2　外包型钢加固法 ··· 2

1.1.3　粘贴钢板加固法 ··· 3

1.1.4　粘贴纤维复合片材加固法 ·· 4

1.1.5　体外预应力加固法 ··· 5

1.1.6　预应力纤维复合片材加固法 ·· 6

1.2　碳纤维布加固钢筋混凝土梁技术 ··· 7

1.2.1　碳纤维布材料 ·· 7

1.2.2　碳纤维布加固钢筋混凝土梁的粘贴工艺 ····································· 9

1.2.3　钢筋混凝土梁粘贴碳纤维布加固技术优点 ································ 11

1.3　碳纤维布抗弯加固钢筋混凝土梁研究现状 ··· 12

1.3.1　碳纤维布加固钢筋混凝土梁的试验研究 ··································· 12

1.3.2　碳纤维布加固钢筋混凝土梁受弯承载力计算的研究 ·················· 14

1.3.3　碳纤维布加固钢筋混凝土梁抗弯刚度计算的研究 ····················· 16

1.3.4　碳纤维布加固钢筋混凝土梁挠度计算的研究 ··························· 17

1.3.5　碳纤维布加固钢筋混凝土梁裂缝计算的研究 ··························· 18

参考文献 ··· 19

第2章　碳纤维布加固钢筋混凝土短梁受弯试验概况 ·································· 28

2.1　引言 ·· 28

2.2　试件设计 ··· 28

2.2.1　参数设计 ··· 28

2.2.2　试件截面、配筋及加固设计 ··· 29

2.3　试验材料、混凝土配合比及试件制作 ·· 35

2.3.1　试验材料 ··· 35

2.3.2　混凝土配合比 ··· 41

2.3.3　试件制作 ··· 41

2.4　试验装置及加载制度 ···44
　　2.4.1　试验装置 ··44
　　2.4.2　加载制度 ··46
2.5　试验测量内容及数据采集 ··47
2.6　混凝土力学性能试验 ··52
参考文献 ···54

第3章　碳纤维布加固钢筋混凝土短梁受弯试验现象及结果分析 ·······55
3.1　引言 ···55
3.2　试件加载过程试验现象描述 ··55
　　3.2.1　跨高比为2的加固梁的试验现象 ··································55
　　3.2.2　跨高比为3的加固梁的试验现象 ··································59
　　3.2.3　跨高比为4的梁的试验现象 ··61
　　3.2.4　跨高比为5的加固梁的试验现象 ··································70
　　3.2.5　跨高比为6的加固梁的试验现象 ··································71
3.3　试件破坏形态及分析 ··74
　　3.3.1　碳纤维布拉断+剥离破坏 ···76
　　3.3.2　混凝土压碎+剥离破坏 ··80
　　3.3.3　界限+剥离破坏 ···81
3.4　应变分析 ···82
　　3.4.1　混凝土应变分析 ··82
　　3.4.2　钢筋和碳纤维布应变分析 ··87
3.5　弯矩–平均曲率、荷载–跨中挠度和荷载–转角曲线分析 ··········91
　　3.5.1　弯矩–平均曲率曲线 ··91
　　3.5.2　荷载–跨中挠度曲线 ··97
　　3.5.3　荷载–转角曲线 ···99
3.6　裂缝发展 ···104

第4章　碳纤维布加固钢筋混凝土短梁受弯承载力计算方法 ············113
4.1　引言 ···113
4.2　极限荷载影响因素 ··113
4.3　正截面应变分布 ···114
4.4　受弯承载力计算方法 ··115
　　4.4.1　计算假定 ··115
　　4.4.2　受弯承载力理论计算方法 ··116

　　4.4.3　受弯承载力简化计算方法 ·· 119
　　4.4.4　计算结果和试验验证 ··· 120
　参考文献 ··· 123
第5章　碳纤维布加固钢筋混凝土短梁抗弯刚度计算方法 ················ 125
　5.1　引言 ··· 125
　5.2　抗弯刚度计算模型 ··· 125
　　5.2.1　计算假定 ·· 126
　　5.2.2　混凝土开裂前阶段 ·· 126
　　5.2.3　混凝土开裂到受拉钢筋屈服阶段 ·· 127
　　5.2.4　钢筋屈服到极限状态阶段 ·· 129
　5.3　弯矩-曲率、弯矩-抗弯刚度的计算值和试验值对比 ······················ 129
　5.4　转角的计算值和试验值对比 ·· 135
第6章　碳纤维布加固钢筋混凝土短梁跨中挠度计算方法 ················ 141
　6.1　引言 ··· 141
　6.2　考虑弯曲变形影响的跨中挠度计算 ·· 141
　6.3　考虑剪切变形影响的等效抗弯刚度计算模型 ································· 148
　6.4　按等效抗弯刚度计算模型计算的跨中挠度值和试验值对比 ··············· 158
第7章　碳纤维布加固钢筋混凝土短梁抗裂和裂缝宽度计算方法 ········ 164
　7.1　引言 ··· 164
　7.2　正截面抗裂弯矩 ·· 164
　7.3　平均裂缝间距 ··· 165
　7.4　裂缝宽度 ·· 169
　参考文献 ··· 172
第8章　碳纤维片材加固钢筋混凝土结构应用实例 ························· 173
　8.1　引言 ··· 173
　8.2　建筑工程应用 ··· 173
　　8.2.1　工程概况 ·· 173
　　8.2.2　构造做法 ·· 173
　　8.2.3　施工工艺 ·· 174
　　8.2.4　质量要求 ·· 177

8.3　高速公路桥梁工程应用 ·· 177

　　8.3.1　工程概况[2] ·· 177

　　8.3.2　材料选定 ·· 177

　　8.3.3　施工方案及施工工艺 ·· 178

8.4　城市桥梁工程应用 ·· 181

　　8.4.1　工程概况 ·· 181

　　8.4.2　加固方案 ·· 183

　　8.4.3　静载试验 ·· 183

　　8.4.4　结论 ·· 184

参考文献 ··· 184

第1章 绪　　论

1.1　钢筋混凝土梁抗弯加固方法

本节所述的钢筋混凝土梁包括浅梁、短梁和深梁。跨高比为 2～5 的简支梁为短梁，跨高比小于等于 2 的简支梁为深梁，跨高比大于等于 5 的简支梁为浅梁[1]。

根据加固材料与混凝土结构或构件结合的紧密程度，钢筋混凝土结构加固分为直接加固与间接加固两类。对钢筋混凝土梁进行抗弯加固时，常用的直接加固法包括增大截面加固法、外包型钢加固法、粘贴钢板加固法和粘贴纤维复合片材加固法等，后 3 种方法又称为复合截面加固法。对钢筋混凝土梁进行抗弯加固常用的间接加固法包括体外预应力加固法、预应力纤维复合片材加固法等。

对一般情况而言，直接加固法较为灵活，便于处理各类加固问题；间接加固法较为简便、可靠，且便于日后的拆卸、更换，因此在有些情况下，还可用于有可逆性要求的历史、文物建筑的抢险加固。设计时，可根据实际条件和使用要求选择加固法。

每种加固方法和技术均有其适用范围和应用条件，在选用时，若无充分的科学试验和论证依据，切勿随意扩大其使用范围，或忽视其应用条件，以免因考虑不周而酿成安全质量事故[2]。

1.1.1　增大截面加固法

增大截面加固法是指在原受弯构件截面基础上采用同种材料（钢筋混凝土）来增大原构件截面面积，以提高原构件受弯承载能力的方法。新浇的混凝土处在受拉区时，对新加的钢筋起到黏结和保护作用，还增加了构件的有效高度，从而提高了构件的抗弯、抗剪承载力，并增加了构件的刚度。因此，增大截面加固法的加固效果是很显著的，是工程中较常用的一种抗弯加固方法[3]，如图 1.1 所示。

增大截面加固法具有工艺简单、施工经验丰富、受力可靠、加固费用经济等优点，很容易为人们所接受。但它的固有缺点，如湿作业工作量大、养护期长、占用建筑空间较多等，也使其应用受到限制。采用增大截面加固法加固时，被加固构件按现场检测结果确定的原构件混凝土强度等级不应低于 C10，否则应采用置换混凝土加固法进行加固。

图 1.1　增大截面加固法

1.1.2　外包型钢加固法

外包型钢加固技术在我国始于 20 世纪 60 年代，是指在梁或柱四周包以型钢的一种加固方法，型钢一般采用角钢，也可采用槽钢或钢板，并在混凝土构件表面与外包钢缝隙间灌注高强水泥砂浆或环氧树脂浆料，同时利用横向缀板或套箍作为连接件，以提高加固后构件的整体受力性能，如图 1.2 所示。

图 1.2　外包型钢加固法

外包型钢加固法可分为干式（又称为无黏结法，不使用结构胶或仅使用水泥砂浆填堵混凝土与型钢缝隙）和湿式（又称为外黏结法，使用结构胶黏结型钢与混凝土构件）两种。

干式外包型钢加固法，综合耐温好、加固件加固后承载力大幅度提高、整体性强、可靠性高、工艺简便、工期短、对周围生产环境影响小。

湿式外包型钢加固法用乳胶水泥或环氧树脂化学灌浆等方法将型钢粘贴在构件

外围，型钢之间焊以缀板相互连接。该方法使型钢与混凝土构件形成能共同工作的复合截面，相比干式外包型钢加固法来讲，不仅节约钢材，而且将获得更大承载力[4]。

外包型钢加固法与增大截面加固法、置换混凝土加固法等其他混凝土结构加固法相比，具有下列明显优点。

（1）结构构件截面尺寸增加少。采用外包型钢加固梁、柱时，只是在梁、柱截面外包型钢而已，截面尺寸增加不足 5%，有时甚至少于 1%。

（2）能大幅度提高原构件承载力和延性。

（3）施工简单、工期短。主要的施工工艺只有钻孔、焊接、灌胶和粘钢，湿作业较少，所用的胶黏剂固化快，施工工期短，适用于应急工程。

（4）抗震能力好。整体的钢骨架对核心混凝土的变形有较强的约束作用，可以较好承受冲击荷载和振动荷载，且目前对节点区域的加固技术已经成熟，可以使原来的弱节点加固成强节点，与抗震设计原则相一致。

外包型钢加固法的适用范围具体如下。

（1）外包型钢加固法适用面很广，但加固费用较高。为了取得技术经济效果的最大化，一般多用于需大幅度提高截面承载能力和抗震能力的混凝土梁、柱结构加固。

（2）长期使用环境的温度不应超过 60℃。对于处于特殊环境（如高温、高湿、介质腐蚀、放射性环境等）的混凝土结构，采用外包型钢加固时，应采取特殊防护措施。

（3）原结构混凝土现场实测强度等级不得低于 C15，且混凝土表面黏结正拉强度不得低于 1.5N/mm^2。

1.1.3　粘贴钢板加固法

粘贴钢板加固法就是在（钢筋）混凝土构件表面用特制的结构胶粘贴钢板，以提高构件承载能力及耐久性等的一种结构加固方法。其加固机理是，当主梁承载力不足，或纵向主筋出现严重锈蚀，或梁板桥的主梁出现严重横向裂缝时，采用环氧树脂或建筑结构胶将钢板这一抗拉强度高的材料粘贴在混凝土结构的受拉缘或者薄弱部位，使其与原结构物形成整体共同受力，从而改善原结构钢筋及混凝土的应力状态，达到提高构件的抗弯、抗剪能力，减少裂缝继续发展的目的[5]，如图 1.3 所示。

粘贴钢板加固法适用于对钢筋混凝土受弯、大偏心受压和受拉构件的加固，不适用于素混凝土构件，包括纵向受力钢筋配筋率低于《混凝土结构设计规范（2015 年版）》（GB 50010—2010）规定的最小配筋率的构件，其使用的环境温度为-20～60℃，相对湿度不大于 70%及无化学腐蚀地区。

图 1.3　粘贴钢板加固法

1.1.4　粘贴纤维复合片材加固法

纤维增强复合材料（fiber reinforced polymer，FRP）是由连续纤维和基体树脂复合而成的，根据复合材料制备的形状不同可以分为 FRP 片材和 FRP 筋材。根据复合时树脂用量的多少，FRP 片材又可分为 FRP 布和 FRP 板。FRP 布为连续纤维单向或多向排列、未经树脂浸渍的布状制品；FRP 板为连续纤维单向或多向排列并经胶黏剂浸渍固化的板状制品。

目前应用比较多的几种 FRP 材料是芳纶纤维增强复合材料（aramid fiber reinforced polymer，AFRP）、玄武岩纤维增强复合材料（basalt fiber reinforced polymer，BFRP）、碳纤维增强复合材料（carbon fiber reinforced polymer，CFRP）和玻璃纤维增强复合材料（glass fiber reinforced polymer，GFRP）。其中，碳纤维增强复合材料性能最优，在结构加固中的应用最为普遍。粘贴碳纤维布加固钢筋混凝土梁的研究表明[6-8]：粘贴碳纤维布加固混凝土梁可以提高其受弯性能，是一种很好的加固方法。本书后面主要介绍粘贴碳纤维布加固钢筋混凝土梁，提高梁的受弯性能。

粘贴纤维复合片材加固法是利用黏结树脂将 FRP 片材粘贴于混凝土构件表面，以达到对结构或构件加固补强的目的。该技术包括两种应用方法：一种方法是用树脂粘贴 FRP 布加固混凝土构件，另一种方法是粘贴预制成型的 FRP 板加固混凝土构件，如图 1.4 所示。

粘贴纤维复合片材加固法是一种新型结构加固技术，与传统的混凝土结构加固方法相比，该加固法具有明显的优越性[9]：高强高效，不增加结构自重和截面尺寸，施工便捷，具有良好的耐久性和耐腐蚀性，适用面广。

（a）FRP 布　　　　　　　（b）FRP 板　　　　（c）FRP 布加固钢筋混凝土梁

图 1.4　粘贴纤维复合片材加固法

1.1.5 体外预应力加固法

体外预应力加固法是采用外加预应力钢拉杆或型钢撑杆对结构构件或整体进行加固的方法，如图 1.5 所示，特点是通过预应力手段强迫后加部分（拉杆或撑杆）受力，改变原结构内力分布，并降低原结构应力水平，致使一般加固结构中所特有的应力应变滞后现象得以完全消除。

图 1.5　体外预应力加固法

体外预应力加固法具有加固、卸荷、改变结构内力的三重效果，适用于大跨结构加固，以及采用一般方法无法加固或加固效果很不理想的较高应力应变状态下的大型结构加固。

体外预应力就是设置在混凝土体外的预应力筋给混凝土施加的预应力。体外预应力混凝土也称为无黏结预应力混凝土，是一种预应力筋直接设置在体外，或者预应力筋设置在混凝土体内，但无须进行孔道灌浆的无黏结预应力混凝土。它与预应力混凝土的区别在于预应力筋与混凝土的无黏结性。自 20 世纪 80 年代开始，无黏结预应力混凝土在我国房屋建筑中得到广泛的应用，后来逐渐被应用于桥梁结构中[10]。

体外预应力加固法由于具有施工方便、经济可靠，预应力筋（束）可以单独防腐甚至可以更换等特点，近年来，已被广泛应用于旧桥的加固工程中。众多的工程实践证明，利用体外预应力加固旧桥，能显著提高结构承载力和抗裂度，有效改善结构的应力状态。

1.1.6　预应力纤维复合片材加固法

工程实践及试验研究中发现，利用 FRP 片材（包括 FRP 布和 FRP 板）加固混凝土受弯构件时，FRP 片材的高强度特点仅在梁中主筋屈服后才得以充分体现，而在主筋屈服前，FRP 片材所起的作用有限。因此，它对提高被加固构件的开裂荷载及屈服荷载作用不是十分明显，对受弯构件在正常使用阶段的性能的改善也有限。

图 1.6　预应力纤维复合片材加固法

为充分发挥 FRP 片材加固的长处，将粘贴纤维复合片材加固法与体外预应力加固法相结合，即在对 FRP 片材施加预应力后，粘贴于被加固构件的受拉面，待胶黏剂完全固化后，放片材，利用胶黏剂所传递的剪应力对被加固构件受拉区施加预压应力。这种变被动加固为主动加固的方法称为预应力纤维复合片材加固法（图 1.6），该方法对锚具和夹板的要求较高。

预应力纤维复合片材加固法可以使 FRP 片材的高强特性得到提前发挥，在二次受力之前就有较大的应变，从而有效减少甚至消除 FRP 片材出现应变滞后的现象，达到更好的加固效果。同时，预应力产生的反向弯矩的作用，可抵消一部分初始荷载的影响，提高使用阶段的承载力，使构件中原有裂缝宽度减小甚至全闭合，并限制新裂缝的出现，从而提高构件的刚度，减小原构件的挠度，改善使用阶段的性能。

预应力加固用 FRP 片材的主要形式有 FRP 布和 FRP 板两种。FRP 布因需要现场铺层浸润环氧树脂胶，复合材料力学性能离散性较大，从而导致材料用量增加，成本加大。与 FRP 布相比，FRP 板具有性能稳定、质量好、施工便捷等特点，且铺层增加后，容易发生层间的剥离破坏，从而会降低加固效果。另外，一层板状材料相当于多层布状材料，施工更为便捷。因而，用预应力 FRP 板加固受弯构件,是预应力纤维复合片材加固技术的最优选择。

相比 FRP 布,FRP 板更适合于大截面混凝土构件的加固,但由于 FRP 板硬度较高,不似 FRP 布柔软,其两端的锚固需要设计和安装特别的锚固体系才能对 FRP 板进行有效张拉。目前该项技术尚处于起步阶段,相应的试验研究和工程应用都非常有限[11]。

1.2 碳纤维布加固钢筋混凝土梁技术

1.2.1 碳纤维布材料

土木建筑中所使用的碳纤维布为连续碳纤维单向或多向排列、未经树脂浸渍的布状制品(碳纤维布中只含有少量预成型树脂,一般含量低于 1%)。

碳纤维具有许多优良性能。碳纤维的轴向强度和模量高、密度低、比性能高,无蠕变,非氧化环境下耐超高温、耐疲劳性好,比热容及导电性介于非金属和金属之间,热膨胀系数小且具有各向异性,耐腐蚀性好,X 射线透过性好,导电导热性能良好,电磁屏蔽性好等。

1. 产品规格及分类方式

碳纤维布的品种很多,也有多种分类方式,常用的分类方式及种类见表 1.1。

表 1.1 碳纤维布分类方式及种类

分类方式	种类
按碳纤维原丝不同	聚丙烯腈基、黏胶基、沥青基
按碳纤维规格(每束纱含单丝数目)	1k(1000 根)、3k、6k、12k、24k
力学性能	高强度、高弹模、高强高弹
编织方式	纬编、经编、平铺
纤维排列方向	单向、双向
单位面积质量	200g/m², 300g/m², 450g/m², 600g/m²

目前在混凝土结构加固领域中,常用的碳纤维布的单位面积质量为 200g/m² 或 300g/m²,纤维排列的方向多为单向,编织方式以经编为主,碳纤维规格多为 12k 及以下,碳纤维原丝以聚丙烯腈基最多。碳纤维布的外观应均一、整齐,表面干净,不得夹杂杂物,不得有灰尘和其他污染,不得有破洞,每 100m 不得多于 3 处缺纬、脱纬和断经,纤维应排列均匀,不应有歪斜、起皱现象,其宽度偏差应小于 0.5%[12]。

2. 主要性能指标

碳纤维布的性能指标包括力学性能、物理性能和化学性能，对于用于结构加固的碳纤维布来说，其力学性能指标是判断碳纤维布质量的关键。我国现行的《纤维增强复合材料工程应用技术标准》（GB 50608—2020）中对碳纤维布应满足的力学性能指标进行了详细的规定，见表 1.2。

表 1.2　碳纤维布力学性能指标

碳纤维布类型和等级		抗拉强度 标准值/MPa	弹性模量/GPa	伸长率/%	层间剪切 强度/MPa
高强度型碳纤维布	Ⅰ级	≥2500	≥210	≥1.3	≥35
	Ⅱ级	≥3000	≥210	≥1.4	
	Ⅲ级	≥3500	≥230	≥1.5	
高弹性模量型碳纤维布		≥2900	≥390	≥0.7	

碳纤维布的抗拉强度应按纤维的净截面面积计算。净截面面积取碳纤维布的计算厚度乘以宽度。碳纤维布的计算厚度应取碳纤维布的单位面积质量除以碳纤维密度（$1.8g/cm^3$）得到的厚度值，计算厚度为理论计算值，不是碳纤维布的实际测量厚度。常用碳纤维布的单位面积质量、单位宽度截面面积和计算厚度等参数见表 1.3。

表 1.3　常用碳纤维布的单位面积质量、单位宽度截面面积和计算厚度

单位面积质量/（g/m^2）	单位宽度截面面积/（mm^2/m）	计算厚度/mm
200	111	0.111
300	167	0.167
450	250	0.250
600	333	0.333

需要指出的是，我国的标准、规程或规范中，碳纤维布及其他 FRP 材料的强度标准值均为具有 95%的保证率，即平均值减去 1.645 倍的均方差后的数值。但日本厂商提供碳纤维布强度标准值一般为平均值减去 3 倍的均方差后的值。

3. 主要检验方法和标准

《结构加固修复用碳纤维片材》（JG/T 167—2016）对碳纤维布的主要检验方法和标准如下。

1）尺寸

检验方法：长度测量采用精度 1mm 的钢卷尺，测量 3 次，取算术平均值；宽

度测量采用精度为 0.5mm 的钢卷尺，任意取 3 处测量，取算术平均值。

标准：长度尺寸偏差应≥0；宽度尺寸偏差不超过±0.5%。

2）单位面积质量

检验方法：在距端头及边缘 40mm 以上裁下 3 块 100mm×100mm 正方形试样，边长测量精确到 0.5mm，质量称量精确到 0.01g，单位面积质量的计算公式如下，取算术平均值：

$$\rho = (W_1 - W_2) / 0.01 \qquad (1.1)$$

式中：ρ 为碳纤维布单位面积质量；W_1 为正方形试样质量；W_2 为试样中网格固定线质量。

标准：碳纤维布单位面积质量不应小于产品说明中的数值，允许偏差为 0～5%。

3）抗拉强度、弹性模量和伸长率

检验方法：按《定向纤维增强聚合物基复合材料拉伸性能试验方法》（GB/T 3354—2014）的规定进行，试件宽度为 15mm，碳纤维布的截面面积取试样实测厚度与宽度的乘积。

标准：抗拉强度、弹性模量和伸长率的值应符合表 1.2 的规定。

4）层间剪切强度

检验方法：按《纤维增强塑料　短梁法测定层间剪切强度》（JC/T 773—2010）的规定进行，试件尺寸为 34mm×6mm×4mm（由 12 层 300g/m² 的碳纤维和浸渍树脂复合而成）。

标准：层间剪切强度应符合表 1.2 的规定。

1.2.2　碳纤维布加固钢筋混凝土梁的粘贴工艺

采用粘贴碳纤维片材加固混凝土结构，应由熟悉该技术施工工艺的专业施工队伍承担，并应有加固施工技术方案和安全措施。

施工宜在环境温度为 5℃以上的条件下进行，并应符合配套胶黏剂要求的施工使用温度。当环境温度低于 5℃时，应采用低温固化型的配套胶黏剂或采取升温措施。

施工时应考虑环境湿度对胶黏剂固化的不利影响。

在进行混凝土表面处理和粘贴碳纤维片材前，应按加固设计部位放线定位。

胶黏剂配制时，应按产品使用说明书中规定的配比称量并置于容器中，用搅拌器搅拌至色泽均匀。在搅拌用容器内及搅拌器上不得有油污和杂质。应根据现场实际环境温度确定胶黏剂的每次拌和量，并按要求严格控制使用时间。

施工必须按照下列工序进行：施工准备→混凝土表面处理→配制并涂刷底

胶→配制修补胶，并对混凝土表面不平整处进行填补和找平处理→配制并涂刷结构胶黏剂→粘贴碳纤维片材→表面防护。

（1）施工准备。

① 应认真阅读设计施工图。

② 应根据施工现场和被加固构件混凝土的实际状况，拟订施工技术方案和施工计划。

③ 应对所使用的碳纤维片材、配套胶黏剂、机具等做好施工前的准备工作。

（2）混凝土表面处理。

① 应清除被加固构件表面的夹渣、疏松、蜂窝、麻面、起砂、腐蚀等混凝土缺陷，露出混凝土结构层，并修复平整。对较大的孔洞、凹陷、露筋等部位，在清理干净后，应采用黏结能力强的修复材料进行修补。

② 应按设计要求对裂缝进行灌注或封闭处理。

③ 被粘贴的混凝土表面应打磨平整，除去表层浮浆、油污等杂质，直至完全露出混凝土结构新面。转角粘贴处应进行导角处理并打磨成圆弧状，圆弧曲率半径不应小于 20mm。

④ 混凝土表面应清理干净，并保持干燥。

（3）配制并涂刷底胶。

① 应按胶黏剂生产厂家提供的工艺条件配制底胶。

② 应采用滚筒刷将底胶均匀涂抹于混凝土表面。在底胶表面指触干燥时，立即进入下一道工序的施工。

（4）配制修补胶，并对混凝土表面不平整处进行处理。

① 应按产品生产厂家提供的工艺条件配制修补胶。

② 应对混凝土表面凹陷部位用修补胶填补平整，不应有棱角。

③ 转角处应采用修补胶修成光滑的圆弧，其曲率半径不应小于 20mm。

④ 宜在修补胶表面指触干燥后，尽快进行下一工序的施工。

（5）配制并涂刷结构胶黏剂。

（6）粘贴碳纤维片材。按下列步骤和要求粘贴碳纤维布。

① 应按设计要求的尺寸裁剪碳纤维布。

② 应按生产厂家提供的工艺条件配制结构胶黏剂，并均匀涂抹于粘贴部位。

③ 将碳纤维布用手轻压贴于需粘贴的位置，采用专用的滚筒顺纤维方向多次滚压，挤出气泡，使胶液充分浸透碳纤维布；滚压时不得损伤碳纤维布。

④ 多层粘贴时应重复上述步骤，并应在纤维表面的结构胶黏剂指触干燥时立即进行下一层粘贴。

⑤ 应在最后一层碳纤维布的表面均匀涂抹结构胶黏剂。

（7）表面防护。

当需要做表面防护时，应按有关标准的规定处理，并保证防护材料与碳纤维片材之间有可靠的粘贴。

施工安全和注意事项如下。

① 碳纤维片材为导电材料，施工碳纤维片材时应远离电气设备和电源，或采取可靠的防护措施。

② 施工过程中应避免碳纤维片材弯折。

③ 碳纤维片材配套胶黏剂的原料应密封储存，远离火源，避免阳光直接照射。

④ 胶黏剂的配制和使用场所应保持通风良好。

⑤ 现场施工人员应采取相应劳动保护措施。

1.2.3　钢筋混凝土梁粘贴碳纤维布加固技术优点

粘贴碳纤维结构加固技术是指采用高性能黏结剂将碳纤维布粘贴在钢筋混凝土梁表面，使两者共同工作，提高梁的（抗弯、抗剪）承载能力，由此而达到对建筑物进行加固、补强的目的。

短短几年来，碳纤维布加固混凝土技术在我国土木工程结构加固改造中迅猛发展，脱颖而出，关键在于它能弥补传统结构加固方法的诸多不足，有着不可替代的优越性。其加固技术优点如下。

1）质轻、高强

相对于外包型钢加固法和外部粘钢加固法（增加结构自重，施工烦琐），碳纤维布薄而轻，强度高。粘贴后单位面积质量小于 $1.0kg/m^2$（包括胶黏剂质量），粘贴一层碳纤维布的厚度仅为 1.0mm 左右，加固修补后基本不增加结构自重和外形尺寸。碳纤维材料抗拉强度是建筑用钢材的 8～15 倍，弹性模量与钢材相近，加固后可以提高混凝土结构的承载能力并改善其延性。

2）适用面广

粘贴碳纤维布加固修补可广泛用于各种类型（如建筑物、构筑物、桥梁、隧道、涵洞、烟囱、地下洞室等）、形状（如矩形、圆形、曲面结构等）和部位（如梁、板、柱、节点、拱、壳、墩等）的混凝土结构，且不改变结构形状，不影响结构外观，是目前任何一种加固方法所不可比拟的。

3）施工便捷

由于碳纤维布是柔软的，可以任意剪裁，施工简单，相较于外包型钢加固法，粘贴碳纤维布的工期可缩短一半以上。即使被加固混凝土的表面不是非常平整，也可保证百分之百的有效粘贴。如发现粘贴后表面局部有气泡，可通过用注射器注射粘贴剂的方法将空气挤出，这在粘贴钢板时是很难做到的。粘贴碳纤维布加固混凝土结构没有湿作业，不需大型施工机具，无须现场固定设施，施工占用场地小。

4）优良的耐腐蚀性、抗渗性及耐久性能

粘贴碳纤维布加固修复后的混凝土结构，可以抵抗多种酸、碱、盐对结构物的腐蚀。结构物不仅不需要如外包型钢加固法所要的定期防锈保护，节约大量维修费用，而且其本身可以起到对内部混凝土结构的保护作用，达到双重加固修补的目的。

5）加固周期短，效果好

由于加固胶具有优良的物理、化学特性，常温下胶后 20～120min 就可以凝胶，几小时就能固化，无须养护，比加大截面法、改变途径加固法施工简单，施工周期短。因此，施工可以分段、分期进行，受干扰因素少。试验研究表明，外贴碳纤维布可以有效提高构件的强度、刚度，抑制裂缝的发展。

6）抗疲劳性能好

疲劳破坏是材料在交变载荷作用下，由裂纹的形成和扩展而造成的低应力破坏。复合材料在纤维方向受拉时的疲劳特性要比金属好得多。金属材料的疲劳破坏是由里向外经过渐变后突然扩展的。复合材料的疲劳破坏总是从纤维或基体的薄弱环节开始，逐渐扩展到结合面上。当损伤较多且尺寸较大时，破坏前有明显的预兆，能够及时发现和采取措施。通常金属材料的疲劳强度极限是其拉伸强度的 30%～50%，而碳纤维增强树脂基体复合材料的疲劳强度极限为其拉伸强度的70%～80%。因此，采用外贴碳纤维布加固构件，可延长使用寿命，提高破损安全性。

7）减振性能好

受力结构的自振频率除与形状有关外，还与结构材料的比模量平方根成正比。所以，碳纤维材料有较高的自振频率。同时，碳纤维材料的基体纤维界面有较强的吸收振动能量的能力，因此材料的振动阻尼较高。对相同尺寸的梁进行研究表明，铝合金梁需 9s 才能停止振动，而碳纤维/环氧复合材料的梁，只需 2.5s 就可停止振动，这足以说明，碳纤维增强复合材料有良好的减振性能。

1.3　碳纤维布抗弯加固钢筋混凝土梁研究现状

1.3.1　碳纤维布加固钢筋混凝土梁的试验研究

从现有的国内外文献来看，目前对碳纤维布加固钢筋混凝土深梁和短梁的试验研究甚少[13-17]。较多的是碳纤维布加固钢筋混凝土浅梁的试验研究，主要包括受弯、受剪[18-26]、剥离破坏[27-28]、锚固方式[29-33]、抗爆[34-35]、耐久性[36-38]和疲劳性[39-48]等方面的试验研究。国内外对其他纤维（BFRP[49-59]、GFRP[60-64]、AFRP[65-72]和混杂纤维[73-77]）布加固钢筋混凝土梁的受弯试验研究也很多，本节主要介绍碳纤维布加固钢筋混凝土浅梁的受弯试验研究。

在役钢筋混凝土梁中，很多处于带裂缝工作状态，即使去除活荷载的作用裂缝也不会完全闭合。在旧危建筑的加固工程中，这种有损伤的受弯构件占了很大的比例。因此，有必要对已经有一定程度损伤的钢筋混凝土梁的加固性能进行研究[78-89]。常见的损伤方式包括机械损伤[90]、初始荷载不同损伤[78, 87-89, 91-92]、施加初始应力不同损伤[79]、初始挠度损伤[87]、恒荷载损伤[80-81]、预裂缝宽度不同损伤[84, 93-96]、地震损伤[86]等。试验研究结果表明：采用碳纤维布对有初始损伤的钢筋混凝土梁进行抗弯加固，加固梁受力性能良好，其抗弯极限承载力显著提高。初始荷载对加固梁抗弯极限承载力影响根据破坏形式的不同而不同，当为纤维拉断破坏时，为有利影响；当为混凝土压坏破坏时，为不利影响[89]；在一定范围内，损伤程度对加固梁的极限荷载影响不大，无论之前受何种荷载，只要梁承受的初始荷载相同，梁破坏时的极限荷载就基本相同[94]；相比未加固梁，损伤对梁的抗弯刚度[78, 94]、挠度影响较多，损伤程度越大，刚度增加越小，挠度增加越大；碳纤维布有限制裂缝发展的作用，损伤程度越大，抑制裂缝作用越小[97]；初始荷载使加固梁的延性比无初始荷载直接加固梁的大[94]。以上损伤梁的损伤是由荷载引起的，还有一些其他原因引起的损伤，如腐蚀损伤[90]、火灾后损伤[98]、低温损伤[99]、锈蚀钢筋损伤[100-104]等。

通过加固受损梁和加固未受损梁的受弯试验结果对比[94, 105]得出以下结论：在粘贴良好的情况下，加固梁的屈服荷载、极限荷载均得到有效提高，在初始状态钢筋未屈服的情况下，梁是否开裂损伤并不影响加固效果，即已开裂的梁经过加固后，其承载能力相当于直接加固的未损伤梁。因此，需要研究碳纤维布加固钢筋混凝土梁受弯承载力的试验可以采用未损伤的梁[106-120]代替，主要研究的参数包括混凝土强度等级[109]、纵筋配筋率[109, 112, 120]、纤维布层数[106-107, 109-110, 112, 114, 120]、纤维布种类[111]、锚固方式[106-107, 116, 119]等。试验研究的内容包括应变（混凝土、钢筋和纤维布）、荷载（开裂、屈服和极限）、抗弯刚度、挠度、裂缝、延性等。试验研究结果表明，碳纤维布加固均可以提高加固梁的抗弯承载力[109, 120]，加固梁的承载能力由钢筋与碳纤维布共同承担，但碳纤维布的作用在梁开裂后才有较明显的发挥，尤其在钢筋屈服后，承载力的提高主要依赖碳纤维布[115]；相比未加固梁，加固后的梁的刚度增大[115, 120]；梁底粘贴碳纤维布可以有效限制裂缝的发展和延伸，减小裂缝宽度[120]，改善裂缝的分布，增强梁工作时的整体性[108]等。

利用碳纤维布加固混凝土受弯构件时，碳纤维布高强度的特点仅在受弯构件主筋屈服后才得以充分发挥，而在主筋屈服前，碳纤维布所起的作用有限。因此，它对提高被加固构件的开裂荷载和屈服荷载作用不明显，对受弯构件在正常使用阶段性能的改善也有限。为了更加充分而合理地利用碳纤维布高强度的特点，国内外一些学者进行了预应力碳纤维布加固钢筋混凝土梁的受弯试验研究[121-131]，主要研究的内容包括张拉方法[121, 126, 128]、锚固方式[121, 125, 128-129]、加固梁加载历史[122-123, 128, 131]、预加应力大小[125, 127-128]、碳纤维布用量[125, 127-128]等。试验研究表明：采用较好的预张拉工艺和梁端锚固方式，能有效避免碳纤维布端部剥离，可使抗拉强度得到充分利用[121]；在受弯承载力、抗弯刚度、碳纤维布应变/利用率、抑制裂缝发展等方面，碳纤维布对有加载历史的梁比没加载历史的梁的提高更明显[122]；增大碳纤维布预拉应力，增加碳纤维布用量可提高梁的承载力，施加预应力在一定范围内越大，提高的效果越明显，但加固梁的曲率延性系数随预应力和配布率的提高而减小，为保证加固梁破坏时具有一定的延性，建议预应力水平控制在极限应力的 40%～50%[127]。

1.3.2 碳纤维布加固钢筋混凝土梁受弯承载力计算的研究

国内外许多学者进行了碳纤维布加固钢筋混凝土梁的受弯破坏性试验，提出了各种受弯承载力计算方法[120, 131-162]。在这些已有的计算方法中都需要采用如下重要的基本假定。

（1）截面应变保持平面假定[133-134, 136, 138-148]。

（2）混凝土开裂后不考虑其受拉作用[132-150, 152-164]。

（3）混凝土受压本构关系包括《混凝土结构设计规范（2015 年版）》（GB 50010—2010）[1]附录 C 的混凝土单轴受压本构[165]、《混凝土结构设计规范（2015 年版）》（GB 50010—2010）[1] 6.2.1 条规定的混凝土受压应力-应变关系[133-135, 144-146]或线弹性[134]。

（4）钢筋受拉本构模型有理想弹塑性模型[133-135, 144-146]和双线性强化模型[7]。

（5）碳纤维布受拉本构模型，常采用线弹性应力-应变关系[132-162, 164]。

（6）碳纤维布和混凝土之间的黏结关系。一种模型认为碳纤维布与混凝土之间完全黏结，无滑移，不考虑混凝土和纤维布之间的剥离破坏，这种考虑只有在碳纤维布发生断裂破坏或混凝土压碎时才合理，这种假定简化了计算，很多文献都采用这种假定[116, 144, 165-168]。实际上碳纤维布和混凝土之间的黏结-滑移在碳纤维布加固混凝土受弯构件中常常发生，也是导致碳纤维布剥离破坏的原因之一，在伴有剥离破坏的受弯试验中必须考虑[132]，文献[169]提出了黏结剥离破坏的受弯承载力计算方法。

（7）关于碳纤维布极限抗拉强度的折减及多层碳纤维布厚度的折减。文献[165]

提出对供货商提供的碳纤维布的极限抗拉强度系数取 0.9,对粘贴层数工作效率降低的折减系数可参考文献[143]所列的折减系数, 或参照美国标准《碳纤维布加固混凝土结构的设计和施工指南》(ACI—440)给出的折减系数。厚度折减系数也可参考《混凝土结构加固设计规范》(GB 50367—2013)确定。《公路桥梁加固设计规范》(JTG/T J22—2008)[170]中规定, 碳纤维布的极限抗拉强度允许值 $[\varepsilon_f] = k_m \varepsilon_{fu}$, 且 $[\varepsilon_f] \leqslant \min(2\varepsilon_{fu}/3, 0.007)$, ε_{fu} 为碳纤维的极限拉应变, k_m 为碳纤维强度折减系数。文献[140]建议桥梁加固用碳纤维布的允许拉应变可直接取 0.007, 这样可以省去多限制条件对比而取值的烦琐。

(8)二次受力的考虑。文献[166]对钢筋应变采用二次受力影响系数进行修正。文献[165]建议当要加固梁的初始荷载较大时, 应考虑二次受力的影响, 假定构件在用碳纤维布加固之前的初始弯矩作用下, 混凝土受压区应力-应变关系为线性关系[140];但当初始荷载较小时, 计算时可不考虑初始荷载的影响, 即不考虑碳纤维布的拉应变滞后效应。《混凝土结构加固设计规范》(GB 50367—2013)和《纤维增强复合材料工程应用技术标准》(GB 50608—2020)中也有对二次受力的相关规定。

(9)在计算碳纤维布内力臂时, 忽略其厚度影响[133-134, 136, 138-148]。

有了以上基本假定, 取正截面作为计算模型, 根据正截面的静力、物理和几何关系建立平衡方程, 静力平衡方程式中含有积分, 难有显式解析解。一般情况下, 可以采用数值解法, 利用计算机编程进行迭代和数值积分, 可以方便地解决该问题, 这种方法称为截面分析的一般方法[171], 其适用于各种本构关系材料、不同截面形状和配筋构造的钢筋混凝土构件, 且能给出构件截面自开始受力, 历经开裂、钢筋屈服、极限状态和下降段的全过程受力的性能。受弯承载力是极限状态时的值, 不是受力全过程, 且有一些已知条件(如混凝土受压破坏时混凝土达到极限压应变, 纤维布受拉破坏时纤维布达到极限压应变)。已知条件可以大大简化平衡方程的求解, 很多文献在求解平衡方程时, 根据自己的试验结果对材料本构模型进行一些简化或对混凝土受压区高度进行矩形等效处理, 提出一些简便的、实用的计算公式, 便于工程应用, 这些统称为实用计算方法[120, 131, 133-134, 136, 138-148]。

除了上述截面分析的一般方法和实用计算方法外, 受弯承载力还可以采用有限元数值模拟计算[172]。有限元数值模拟不采用上述的正截面受力模型, 它根据材料的不同特点采用不同的体单元建立有限元分析模型[132, 135, 169, 172], 常用的是大型通用有限元分析软件 ANSYS[173]。ANSYS 软件对混凝土采用三维实体单元, 钢筋采用三维梁单元, 碳纤维布采用壳单元, 为了避免应力集中现象, 在两端支座处和加载点设置刚性垫块, 垫块采用实体块单元, 混凝土破坏准则采用 Willian-Warnke 五参数准则[174-175]将拉、压子午线改为二次抛物线关系。有限元数值模拟计算对碳纤维布加固钢筋混凝土梁建立整体有限元模型，根据单元的大小来确定单元的总数，对梁任意位置从开始受力到破坏的整个受力过程进行数值模拟，不仅可以得到正截面极限状态时的受弯承载力，还可以得到梁任何位置任意荷载下的承载力、变形及应力状态等。有限元数值模拟计算的计算工作量大，计算结果详细且丰富。

1.3.3　碳纤维布加固钢筋混凝土梁抗弯刚度计算的研究

对于碳纤维布加固受损钢筋混凝土梁抗弯刚度计算[176-179]、碳纤维布加固未受损钢筋混凝土梁抗弯刚度计算[180-181]和碳纤维布加固钢筋混凝土梁疲劳抗弯刚度计算[182]等，虽然加固方法、加固对象和加载方式等研究内容不同，但抗弯刚度计算总体可以采用 3 种方法，即一般方法、实用计算法和有限元软件分析法。一般方法和实用计算法大多采用纤维布和混凝土之间黏结完好、没有滑移、没有剥离破坏[177-181, 183]的假定，而有限元软件分析法可以模拟纤维布和混凝土之间的黏结-滑移关系[176]。

第一种，一般方法。已知构件的截面尺寸和配筋，以及混凝土、钢筋和碳纤维布的应力-应变关系后，可以用截面分析的一般方法[171]计算得到弯矩-曲率全过程曲线，还可以得出弯矩-抗弯刚度全过程曲线。这样的计算结果比较准确，但必须由计算机来实现，通常可以通过计算机编程进行迭代计算，这种方法一般用于结构受力全过程的抗弯刚度分析。文献[184]就是用该方法计算的弯矩-曲率全过程曲线。

第二种，实用计算法。在工程实践中，经常需要解决的问题是验算构件在使用阶段的挠度值，或者为超静定结构的变形分析提供构件的抗弯刚度等，并不需要受力全过程的抗弯刚度，因而可以采用实用计算法。常用的实用计算法包括有效惯性矩法、刚度解析法、受拉刚化效应修正法[171]、等效拉力法、应用黏结力计算曲率及双线性法[185]等。这类方法的共同点如下：构件处于混凝土已经开裂，但钢筋尚未屈服的状态；裂缝间混凝土和钢筋仍保持部分黏着，存在受拉刚化效应；碳纤维布和混凝土之间黏结完好；平均应变符合平截面假定等。计算时考虑的参数或假定不同，实用计算法的计算公式会有不同。我国《混凝土结构设计规范（2015年版）》（GB 50010—2010）[1]对普通混凝土梁采用的是刚度解析法，《混凝土结构加固设计规范》（GB 50367—2013）和《纤维增强复合材料工程应用技术标准》（GB 50608—2020）中没有碳纤维加固钢筋混凝土梁的刚度计算公式。所以文献[177]～文献[181]、文献[183]大多借用《混凝土结构设计规范（2015 年版）》（GB 50010—2010）的刚度解析法，并考虑碳纤维布的影响对普通钢筋混凝土梁刚度计算公式进行修正。

第三种，有限元软件分析法。除了上述一般方法和实用计算法外，抗弯刚度还可以根据有限元软件模拟构件加载过程得到的受压区和受拉区混凝土应变来计算曲率，求得弯矩-抗弯刚度全过程曲线。对于浅梁还可以通过软件计算的荷载-挠度曲线来计算抗弯刚度。常用的大型有限元软件包括 ANSYS、ADINA、ABAQUS 等。文献[176]采用 DIANA 有限元软件建立三维有限元模型，混凝土、受拉主筋和碳纤维布均采用实体单元，箍筋和架立筋采用埋入式钢筋单元，主筋、碳纤维布和混凝土之间采用界面单元连接。钢筋采用考虑强化段的三折线模型，碳纤维布采用理想线弹性模型，混凝土的等效单轴应力-应变关系采用宏斯塔德建议的模型，钢筋与混凝土间黏结-滑移关系采用欧洲混凝土委员会和国际预应力混凝土协会（CEB-FIP）标准规范（1990 年版）推荐的模型，碳纤维布与混凝土间黏结-滑移关系采用文献[186]建议的模型。计算考虑钢筋锈蚀的影响，即钢筋截面面积减小及力学性能退化、钢筋与混凝土间黏结性能退化，计算终止条件为混凝土压碎、钢筋拉断或碳纤维布拉断。用 DIANA 有限元软件计算结果可以计算出弯矩-抗弯刚度全过程曲线。

有限元软件分析法得到的计算结果详细，一次计算可以得出梁任意位置截面受力全过程的抗弯刚度。一般方法得到的计算结果其次，一次计算只能得出一个截面受力全过程的抗弯刚度。实用计算法得到的计算结果简单，一次计算仅能得出一个截面的一个受力时刻的抗弯刚度。

1.3.4 碳纤维布加固钢筋混凝土梁挠度计算的研究

对预应力碳纤维布加固钢筋混凝土浅梁挠度计算[187-188]、碳纤维布加固受损钢筋混凝土浅梁挠度计算[185, 189]和碳纤维布加固未受损钢筋混凝土浅梁挠度计算[184-185, 190-191]的研究，虽然加固方法和加固对象受损不同，但加固浅梁的挠度计算总体可以用 3 种方法，即曲率积分法、实用计算法和有限元软件分析法。碳纤维布加固钢筋混凝土梁挠度计算的假定基本同碳纤维布加固钢筋混凝土梁抗弯刚度计算的假定。

1. 曲率积分法

不论用何种方法，只要能得到构件截面的弯矩-曲率关系或者弯矩-抗弯刚度关系，就可以用虚功原理计算加固构件某点 A 的挠度 w_A，常用的公式为

$$w_A = \int \frac{\bar{M} M_P}{EI} dx = \int \frac{\bar{M} M_P}{B} dx = \int \bar{M} \left(\frac{1}{\rho_p} \right) dx$$

式中：$\bar{M}$ 为 A 点单位力矩作用下虚梁的弯矩；M_P 为三分点集中加载作用下实梁的弯矩；B 为实梁的截面抗弯刚度，$B = EI$；$1/\rho_p$ 为实梁的截面平均曲率。

因为沿梁长不同位置的弯矩和曲率也不同，很难直接积分计算挠度，也无法用图乘法计算。为此，可以将构件分成若干段（单元），假定每一段（单元）的曲率（或刚度）等值，这一段（单元）内可以用图乘法计算，再把各段图乘计算的结果叠加，就可以解决求解积分困难的问题。杆件划分的单元越多，计算结果越准确，通常可以由计算机编程进行数值积分计算。如果弯矩-曲率为受力全过程曲线，就可以计算出受力全过程的挠度。这种方法可以把梁长任何位置任一荷载下的挠度计算出来。该方法大多根据曲率计算挠度，也叫曲率积分法。文献[184]用1.3.3节中的一般方法计算出弯矩-曲率全过程曲线后，再用曲率积分法计算荷载-跨中挠度全过程曲线。

2. 实用计算法

利用一般方法计算挠度时，用的抗弯刚度沿梁长是变化的，通常需要数值积分，过于烦琐，不利于实际工程应用，工程中一般只需要验算构件的变形是否符合规范要求，可以采用沿梁长刚度等值（或曲率等值）的实用计算法，如最小刚度法[1]和平均有效惯性矩法[192]等。文献[185]、文献[187]~文献[191]、文献[193]~文献[196]在计算挠度时都是采用沿梁长刚度等值或曲率等值来计算挠度或变形的。

3. 有限元软件分析法

计算梁长任何位置任意荷载下的挠度值时，也可以采用有限元软件模拟构件加载过程，常用的有限元软件、单元模型、材料本构模型等同1.3.3节的有限元软件分析法，在此不再赘述。文献[197]~文献[199]采用有限元软件建立三维有限元模型可以计算梁长任何位置在每一荷载作用下的挠度。

以上是对荷载短期作用下的梁挠度计算，当荷载持续作用时，混凝土产生徐变，挠度仍将不断增加，文献[200]研究了考虑混凝土徐变影响的碳纤维布加固钢筋混凝土梁挠度的计算。

上面所述内容是碳纤维布加固钢筋混凝土浅梁的挠度计算方法，大多只考虑弯曲变形来计算挠度。对于碳纤维布加固钢筋混凝土短梁的挠度计算，除了考虑弯曲变形的影响还要考虑剪切变形的影响，所用的挠度计算方法基本同上述3种方法。

1.3.5 碳纤维布加固钢筋混凝土梁裂缝计算的研究

碳纤维布加固钢筋混凝土浅梁的试验研究表明，采用碳纤维布对钢筋混凝土浅梁进行加固在提高其承载力的同时，其裂缝宽度和间距均有所减小[201-207]。但是由于混凝土裂缝计算问题本身的复杂性，碳纤维布加固混凝土梁裂缝计算方法的相关研究较少[208-214]。

　　普通混凝土结构裂缝计算理论主要包括黏结-滑移理论、无滑移理论、一般裂缝理论 3 种典型的计算理论。其中，一般裂缝理论结合了前二者的主要优点，目前为较多国家规范所采用。根据一般裂缝理论，影响裂缝宽度的主要因素包括保护层厚度、钢筋应力、等效钢筋直径、按有效受拉混凝土截面计算的纵向受拉钢筋配筋率及钢筋应变不均匀系数等[214]。影响碳纤维布加固钢筋混凝土梁裂缝宽度的因素除了上述因素外，还有 CFRP-混凝土界面黏结滑移性能、CFRP 粘贴量、CFRP 与混凝土界面的黏结宽度、构件的加载历史等。

　　目前，对碳纤维布加固钢筋混凝土梁裂缝计算理论的研究，主要还是采用以黏结-滑移理论为基础的一般裂缝理论。在运用一般裂缝理论时，把碳纤维布等效为钢筋[214]或者考虑碳纤维布和混凝土界面的黏结性能[213, 209]等，引入一些计算参数，仍然采用和普通混凝土梁裂缝宽度计算公式基本一致的表达式。

参 考 文 献

[1] 中华人民共和国住房和城乡建设部. 混凝土结构设计规范（2015 年版）：GB 50010—2010[S]. 北京：中国建筑工业出版社，2011.

[2] 中华人民共和国住房和城乡建设部. 混凝土结构加固设计规范：GB 50367—2013[S]. 北京：中国建筑工业出版社，2014.

[3] 任国志. 钢筋混凝土梁增大截面加固法研究[J]. 科学咨询（科技·管理），2012（22）：64-65.

[4] 秦谈平. 混凝土梁湿式外包钢加固方法的应用[J]. 山西建筑，2004，30（14）：41-42.

[5] 肖晓明，牛自立，郑浩. 粘贴钢板加固法的研究现状与应用[J]. 城市建设与商业网点，2009（38）：329-330.

[6] 吴刚，安琳，吕志涛. 碳纤维布用于钢筋混凝土梁抗弯加固的试验研究[J]. 建筑结构，2000，30（7）：16-20.

[7] 张智梅，李书姣，白世烨. CFRP 布加固钢筋混凝土梁的抗弯性能研究[J]. 结构工程师，2012，28（4）：139-143.

[8] 邓宗才. 碳纤维布增强钢筋混凝土梁抗弯力学性能研究[J]. 中国公路学报，2001，14（2）：45-51.

[9] 陈小兵. 高性能纤维复合材料土木工程应用技术指南[M]. 北京：中国建筑工业出版社，2009.

[10] 田爱菊. 钢筋混凝土简支梁体外预应力加固法的抗弯性能研究[D]. 桂林：桂林工学院，2007.

[11] 邓朗妮. 预应力碳纤维板加固受弯构件试验研究及理论分析[D]. 桂林：广西大学，2010.

[12] 中华人民共和国住房和城乡建设部. 结构加固修复用碳纤维片材：JG/T167—2016[S]. 北京：中国计划出版社，2016.

[13] KADHUM A F, YANG J, AL-SARRAF S Z. Behavior of short span composite beams strengthened with CFRP strips[J]. Engineering and technology journal, 2010, 28(1):103-118.

[14] BUKHARI I A, VOLLUM R, AHMAD S, et al. Shear strengthening of short span reinforced concrete beams with CFRP sheets[J]. Arabian journal for science and engineering. section a: sciences, 2013, 38(3):523-536.

[15] 刘雨. 碳纤维布加固钢筋混凝土深梁的研究[J]. 施工技术，2014，43（s2）：362-366.

[16] 蔡柱. 碳纤维布加固钢筋混凝土深梁力学性能及试验研究[D]. 长春：长春工程学院，2017.

[17] LEE H K, CHEONG S H, HA S K, et al. Behavior and performance of RC T-section deep beams externally strengthened in shear with CFRP sheets[J]. Composite structures, 2011, 93(2):911-922.

[18] 彭刚，刘立新，李险峰. 预应力碳纤维布加固钢筋混凝土梁受剪性能试验研究[J]. 河南科学，2005（3）：407-410.

[19] 彭刚. 预应力碳纤维布加固钢筋混凝土梁受剪性能的试验研究[D]. 郑州：郑州大学，2005.

[20] 赵华玮. 碳纤维布加固钢筋混凝土梁受力性能的试验研究[D]. 郑州：郑州大学，2005.

[21] 崔小兵. 碳纤维布加固钢筋混凝土梁受剪性能试验研究[D]. 北京：北京工业大学，2001.

[22] 崔倩. 碳纤维布加固钢筋混凝土梁抗剪全过程的试验研究[D]. 呼和浩特：内蒙古工业大学，2005.

[23] 张玉成，徐德新，段成晓，等. 碳纤维布加固二次受力钢筋混凝土梁抗剪性能的试验研究[J]. 广东水利水电，2009（3）：21-25.

[24] 徐玉野，彭小丽，董毓利，等. 受火后 CFRP 布加固钢筋混凝土梁受剪性能试验研究[J]. 建筑结构学报，2015，36（2）：123-132.

[25] 张顺. 侧贴碳纤维布加固钢筋混凝土梁抗剪性能的试验研究[D]. 重庆：重庆大学，2007.

[26] DIRAR S, LEES J M, MORLEY C. Phased nonlinear finite-element analysis of precracked RC T-beams repaired in shear with CFRP sheets[J]. Journal of composites for construction, 2013, 17(4):476-487.

[27] BAO A H, QIU Z Y, WANG P. Research on debonding formula model of RC beams strengthened with CFRP sheets[J]. Advanced materials research, 2012, 368-373: 1038-1041.

[28] WANG X, LIU Y, LI Z, et al. Experimental analysis of debonding failure of strengthening prestressed RC beam with CFRP sheets[J]. Industrial construction, 2014,44(10):6-9.

[29] 高华国，赵畅，徐凌. 一种碳纤维布加固钢筋混凝土梁试验加力装置：CN2015.0282387.4[P]. 2015-05-05.

[30] 刘相. 碳纤维布加固受损钢筋混凝土梁锚固方式的试验研究[J]. 辽东学院学报（自然科学版），2015，22（3）：204-211.

[31] 王滋军，刘伟庆，姚秋来，等. 碳纤维布加固钢筋混凝土梁锚固方式试验研究[J]. 工业建筑，2003，33（2）：16-18.

[32] 卓静，李唐宁，章庆学，等. 锚固多层碳纤维布加固钢筋混凝土梁的试验研究[J]. 建筑结构，2006，36（3）：25-27.

[33] MORSY A M, HELMY K M, EL-ASHKAR N H, et al. Flexural strengthening for RC beams using CFRP sheets with different bonding schemes[C]//GRANTHAM M, BASHEER P, MAGEE B, et al. International Conference on Concrete Repair. Belfast, 5th ed. IRELAND, 2014:313-320.

[34] YOUNG-SOO Y. Strengthening effect of CFRP sheets and steel fibers for enhancing the impact resistance of RC beams[J]. Journal of the Korean society of hazard mitigation, 2011,11(5):41-47.

[35] 陈万祥，严少华. CFRP 加固钢筋混凝土梁抗爆性能试验研究[J]. 土木工程学报，2010（5）：1-9.

[36] 张维，姜福香，王少波，等. 碳纤维布加固钢筋混凝土梁的抗弯性能[J]. 混凝土世界，2011（8）：80-85.

[37] 王强，卢春玲. 氯离子侵蚀下 CFRP 加固钢筋混凝土梁的耐久性试验研究[J]. 四川建筑科学研究，2012（3）：118-120.

[38] 陈爽，王磊. 混凝土强度对 CFRP 加固钢筋混凝土梁耐久性影响试验[J]. 桂林理工大学学报，2011（3）：376-380.

[39] 何初生，王文炜，杨威，等. 预应力碳纤维布加固钢筋混凝土梁疲劳性能试验研究[J]. 东南大学学报（自然科学版），2011（4）：841-847.

[40] 张伟平，宋力，顾祥林. 碳纤维布加固锈蚀钢筋混凝土梁疲劳性能试验研究[J]. 土木工程学报，2010（7）：43-50.

[41] 宋力，张伟平. 碳纤维布加固锈蚀钢筋混凝土梁的疲劳性能试验[J]. 低温建筑技术，2009（7）：38-41.

[42] 陈永秀，陆洲导. 碳纤维布加固钢筋混凝土梁正截面的疲劳性能试验研究[J]. 四川建筑科学研究，2006（6）：94-97.

[43] 李子奇，薛兆锋，樊燕燕. 碳纤维布加固钢筋混凝土梁疲劳性能试验研究[J]. 公路交通技术，2006（6）：77-80.

[44] 骆志红. 碳纤维布加固钢筋混凝土梁的抗剪疲劳试验研究[D]. 武汉：武汉理工大学，2005.

[45] 陆吉民. 低温下碳纤维布加固钢筋混凝土梁的疲劳试验研究[D]. 淮南：安徽理工大学，2007.

[46] SONG L, YU Z W. Fatigue performance of corroded RC beams strengthened with CFRP sheets[J]. Journal of henan

university of science & technology, 2014, 243-249: 5589-5594.

[47] SONG L, YU Z. Fatigue Performance of corroded reinforced concrete beams strengthened with CFRP Sheets[J]. Construction & building materials, 2015, 90:99-109.

[48] ZHANG J, YE J, YAO W. Fatigue behavior of RC beams strengthened with CFRP sheets after freeze-thaw cycling action[J]. Journal of Southeast University (natural science edition), 2010,40(5):1034-1038.

[49] 王海良, 刘二梅, 袁兴龙. 紫外线作用对 BFRP 布加固钢筋混凝土梁抗弯性能影响试验研究[J]. 工业建筑, 2014（S1）: 341-344.

[50] 王海良, 张静, 杨新磊. 玄武岩纤维布加固受损钢筋混凝土梁抗弯性能试验研究[J]. 工业建筑, 2015（5）: 152-156.

[51] 樊鹏飞. 玄武岩纤维布加固既有损伤钢筋混凝土梁抗弯性能试验研究和理论分析[D]. 天津: 天津城市建设学院, 2012.

[52] 欧阳煜, 王鹏, 李翔. 玄武岩纤维布加固钢筋混凝土梁受弯试验研究[J]. 建筑结构, 2008（11）: 74-77.

[53] 李浩. 玄武岩纤维布加固钢筋混凝土梁抗弯性能试验研究[D]. 天津: 天津城建大学, 2014.

[54] 蔺建廷. 玄武岩纤维布加固钢筋混凝土梁抗弯性能的试验研究[D]. 大连: 大连理工大学, 2009.

[55] 陈绪军, 杨勇新, 邢建英, 等. 玄武岩纤维布加固钢筋混凝土梁抗弯试验研究[J]. 郑州大学学报（工学版）, 2009（2）: 61-65.

[56] 王海良, 王博, 杨新磊, 等. 酸、碱、氯盐对玄武岩纤维布加固钢筋混凝土梁抗弯性能的影响[J]. 建筑结构, 2015（9）: 81-85.

[57] 王海良, 孙炜, 杨新磊. 氯盐环境作用下玄武岩纤维布加固钢筋混凝土梁抗弯性能试验研究[J]. 建筑结构, 2015（9）: 86-89.

[58] 王海良, 李龙. 碱溶液疲劳耦合作用下 BFRP 布加固损伤钢筋混凝土梁抗弯试验研究[J]. 玻璃钢/复合材料, 2016（8）: 38-43.

[59] OUYANG Y, WANG P, LI X. Experimental Study on Flexural RC Beams Strengthened with BFRP Sheets[J]. Building structure, 2008, 38(11): 74-77, 84.

[60] 孙静, 杜宜军. 玻璃纤维布加固有预加载钢筋混凝土梁的受弯试验研究[J]. 西安建筑科技大学学报（自然科学版）, 2007（6）: 779-784.

[61] 王文炜, 赵国藩, 李果, 等. 玻璃纤维布加固钢筋混凝土梁抗弯性能试验研究[J]. 大连理工大学学报, 2003（6）: 799-805.

[62] WANG X, ZHOU C, ZENG X, et al. Tests of flexural behavior of RC beams strengthened by bonding prestressed GFRP plates[J]. Journal of the Harbin institute of technology, 2005,37(3):351-354.

[63] CHIEW S, SUN Q, YU Y. Flexural strength of RC beams with GFRP laminates[J]. Journal of composites for construction, 2007,11(5):497-506.

[64] ARAVIND N, SAMANTA A K, THANIKAL J V, et al. An experimental study on the effectiveness of externally bonded corrugated GFRP laminates for flexural cracks of RC beams[J]. Construction and building materials, 2017, 136:348-360.

[65] 魏凝. 芳纶纤维布加固钢筋混凝土梁抗弯性能试验研究与理论分析[D]. 西安: 西安理工大学, 2007.

[66] 张建伟, 邓宗才, 杜修力, 等. 芳纶纤维布加固钢筋混凝土梁的抗弯性能[J]. 特种结构, 2005（4）: 90-92.

[67] ZHANG J, DU X, DENG Z, et al. Study on flexural performance of RC beams strengthened with prestressed AFRP sheets[J]. Journal of building structures, 2006, 405-406(5): 343-349.

[68] DENG Z C, XIAO R. Flexural performance of RC beams strengthened with prestressed AFRP sheets: part I: experiments[M].Advances in FRP Composites in Civil Engineering. Springer Berlin Heidelberg, 2011:699-703.

[69] KURIHASHI Y, KON-NO H, MIKAMI H, et al. Falling-weight impact tests of flexural strengthened RC beams with

AFRP sheet[J]. Response of structures under extreme loading, 2015:636-642.

[70] DENG Z C, LI J H, LIN H F. Experimental study on flexural performance of corroded RC beams strengthened with AFRP sheets[J]. Key engineering materials, 2009, 405-406(5): 343-349.

[71] DENG Z, LIN H, WANG L, et al. Experimental study on flexural performance of corroded RC beams strengthened with AFRP sheets[J]. Journal of Beijing University of technology, 2009,35(5):633-638.

[72] DENG Z, LI J. Experiment and Theoretical research on flexural performance of RC beams strengthened with prestressed AFRP sheets[J]. Industrial construction, 2007, 37(10): 101-105, 111.

[73] 喻林, 蒋林华, 储洪强. 混杂纤维加固钢筋混凝土梁抗弯性能研究[J]. 建筑材料学报, 2006（3）: 274-278.

[74] 喻林. 混杂纤维加固钢筋混凝土梁抗弯性能研究[D]. 南京: 河海大学, 2005.

[75] 邓宗才, 李建辉. 混杂纤维布加固钢筋混凝土梁抗弯性能试验及理论研究[J]. 工程力学, 2009（2）: 115-123.

[76] DENG Z, LI J. Flexural performance of RC corroded beams strengthened with CFRP/AFRP/GFRP laminated hybrid fiber sheets[J]. Journal of Beijing University of technology, 2009,35(3):338-344.

[77] WANG X, ZHOU C, AI J, et al. Flexural capacity of RC beam strengthened with prestressed C/AFRP sheets[J]. Transactions of Nanjing University of aeronautics & astronautics, 2013,30(2):202-208.

[78] 王苏岩, 杨玫. 碳纤维布加固已损伤高强钢筋混凝土梁抗弯性能试验研究[J]. 工程抗震与加固改造, 2006, 28（2）: 93-96.

[79] 鲁彩凤, 刘颖, 袁广林, 等. 考虑二次受力碳纤维加固钢筋混凝土梁抗弯试验研究[C]. 全国结构工程学术会议. 2005.

[80] 王敏容. 粘贴碳纤维或钢板加固受弯构件的效果对比[J]. 五邑大学学报（自然科学版）, 2013, 27（3）: 61-67.

[81] 贺拴海, 赵小星, 宋一凡, 等. 具有初荷载的钢筋混凝土梁桥粘贴碳纤维布加固试验研究[J]. 土木工程学报, 2005（3）: 70-76.

[82] BU L, XIAO X. Study on the flexural behavior of RC beams strengthened with prestressed CFRP under secondary load[J]. Journal of Rail Way Science and Engineering, 2017, 14(1):126-134.

[83] LIU M, SHENG G. Flexural performance of different damage degree RC continuous beams strengthened with CFRP sheets[J]. Journal of Wuhan University of technology (transportation science & engineering), 2010, 34(3): 484-487.

[84] DONG J F, WANG Q Y, ZHU Y M. Experimental Study on Precracked RC Beams Strengthened with Externally Bonded CFRP Sheets[J]. Advanced Materials Research, 2011, 150-151(5):842-846.

[85] CHEN W, CUI S, JIANG R. Experimental research on flexural behavior of damaged two-span RC beam strengthened with inorganic resin CFRP sheets[C]//WANG Z, REN W, RU J, eds. 13th International Symposium on Structural Engineering(ISSE-13). Hefei, CHINA. 2014:2015-2021.

[86] CHU Y, JIA B, YAO Y, et al. Experiment on flexural capacity of damaged RC beams strengthened by composite CFRP sheets[J]. Building structure, 2011, 41(2):120-123.

[87] 刘毅锋. 碳纤维布加固预裂钢筋混凝土梁抗弯性能试验研究[D]. 广州: 广东工业大学, 2013.

[88] 王文炜, 赵国藩, 黄承逵. 模拟不中断交通状况下粘贴碳纤维布加固钢筋混凝土梁试验研究[J]. 工程力学, 2006, 23（5）: 56-61.

[89] 钱伟, 高丹盈. 初始损伤对 CFRP 加固混凝土梁受弯性能的影响[J]. 四川建筑科学研究, 2006（4）: 45-49.

[90] 张维. 碳纤维布加固受损钢筋混凝土梁抗弯性能试验研究[D]. 青岛: 青岛理工大学, 2011.

[91] 梅巧林. 碳纤维布加固钢筋混凝土梁受弯试验研究[D]. 武汉: 武汉理工大学, 2004.

[92] 蒋欢军, 张新华. 碳纤维加固钢筋混凝土梁试验研究[J]. 四川建筑科学研究, 2006（5）: 50-54.

[93] 董江峰, 王清远, 邱慈长, 等. 碳纤维布加固预裂钢筋混凝土梁的抗弯试验研究[C]. 第十六届全国复合材料学术会议, 长沙, 2010.

[94] 孔琴, 刘立新. 碳纤维布加固钢筋混凝土梁受弯性能的试验研究[J]. 郑州大学学报（工学版）, 2004（4）: 24-28.

[95] DONG J F, WANG Q Y, QIU C C, et al. Experimental study on RC beams strengthened with CFRP sheets[J]. Advanced materials research, 2011, 213:548-552.

[96] DONG J. Experimental research on structural behaviour of RC beams strengthened with CFRP sheets[J]. Chinese journal of applied mechanics, 2011, 28(5):521-526.

[97] 董江峰，王清远，何东，等. 碳纤维布加固钢筋混凝土梁受力性能的试验研究[J]. 应用力学学报，2011，28（5）：521-526.

[98] IRSHIDAT M R, AL-SALEH M H. Flexural strength recovery of heat-damaged RC beams using carbon nanotubes modified CFRP[J]. Construction and building materials, 2017,145: 474-482.

[99] 涂智溢. 低温条件下碳纤维加固钢筋混凝土梁的试验研究[D]. 合肥：安徽理工大学，2005.

[100] 贾彬，程进，蒙乃庆，等. 碳纤维布加固锈蚀钢筋混凝土梁抗弯性能研究[J]. 工业建筑，2013（5）：144-147.

[101] 张伟平，王晓刚，顾祥林. 碳纤维布加固锈蚀钢筋混凝土梁抗弯性能研究[J]. 土木工程学报，2010（6）：34-41.

[102] 陈爽，陈宜虎，梁进修，等. 碳纤维加固锈蚀钢筋混凝土梁的疲劳抗弯性能[J]. 河南科技大学学报：自然科学版，2014，35（1）：58-62.

[103] AL-SAIDY A H, AL-HARTHY A S, AL-JABRI K S, et al. Structural performance of corroded RC beams repaired with CFRP sheets[J]. Composite structures, 2010,92(8):1931-1938.

[104] ZHOU S, LU H, WU Y, et al. Flexural behavior of middle (serious) deteriorated RC beams strengthened with CFRP[J]. Journal of China University of mining & technology, 2016,45(1):62-69.

[105] DONG J, WANG Q, HE D, et al. CFRP sheets for flexural strengthening of RC beams[C]. International conference on multimedia technology, 2011:1000-1003.

[106] 周会平. 外贴碳纤维布加固受弯钢筋混凝土梁的试验研究与理论分析[D]. 武汉：武汉理工大学，2005.

[107] 柯敏勇，金初阳，陈红卫，等. 外贴碳纤维布加固钢筋混凝土梁试验研究[J]. 水利水电科技进展，2005（2）：29-32.

[108] 程健. 外贴碳纤维布加固钢筋混凝土梁的试验研究[J]. 工程建设与设计，2008（1）：30-31.

[109] 张劲松. 碳纤维加固钢筋混凝土梁、板受弯性能的试验研究[D]. 重庆：重庆大学，2007.

[110] 史健勇，卢亦焱，何勇，等. 碳纤维加固钢筋混凝土梁正截面承载力试验研究[J]. 建筑技术，2001（6）：370-372.

[111] 郭永昌. 碳纤维布加固钢筋混凝土梁有限元分析及试验研究[D]. 广州：广东工业大学，2003.

[112] 高华国，宇翔，徐凌，等. 碳纤维布加固钢筋混凝土梁试验[J]. 辽宁工程技术大学学报（自然科学版），2015（8）：947-951.

[113] 陈瑶艳. 碳纤维布加固钢筋混凝土梁负弯矩区的抗弯性能试验研究[D]. 杭州：浙江大学，2004.

[114] 赵彤，谢剑，戴自强. 碳纤维布加固钢筋混凝土梁的受弯承载力试验研究[J]. 建筑结构，2000（7）：11-15.

[115] 王春阳. 碳纤维布加固钢筋混凝土梁的抗弯试验研究[J]. 武汉理工大学学报，2009（8）：91-93.

[116] 刘海祥. 外贴钢板及碳纤维布加固钢筋混凝土梁正截面试验与数值分析[D]. 南京：南京水利科学研究院，2002.

[117] WANG F, WU H, GAO G, et al. Experimental study on flexural performance of RC beams strengthened with CFRP[J]. Journal of Qingdao Technological University, 2012,33(5): 41-46.

[118] LUO T. Experiment on flexural capacity of damaged RC beams strengthened with composite CFRP[J]. Applied mechanics & materials, 2014, 501-504:932-935.

[119] ZHANG G, LIU Q, WANG K. Bending tests and numerical analysis of CFRP strengthened RC beams[J]. Industrial construction, 2009,39(8):80-83.

[120] 高丹盈，李趁趁，赵军，等. 碳纤维布增强钢筋混凝土梁正截面受力性能[J]. 建筑科学，2009（3）：1-6.

[121] 顾祥林，高鹏，张伟平，等. 预张拉碳纤维布加固钢筋混凝土梁受弯性能研究[J]. 建筑材料学报，2009（2）：

141-147.

[122] 苏有文, 詹妮, 李超飞, 等. 预应力碳纤维布加固损伤钢筋混凝土梁抗弯性能研究[J]. 施工技术, 2014（4）: 1-4.

[123] 孔琴. 预应力碳纤维布加固钢筋混凝土梁受弯性能的试验研究[D]. 郑州: 郑州大学, 2005.

[124] 欧日强. 预应力碳纤维布加固钢筋混凝土梁抗弯性能研究[D]. 南京: 南京航空航天大学, 2006.

[125] 王云丹. 预应力碳纤维布加固钢筋混凝土梁抗弯性能研究[D]. 武汉: 武汉大学, 2005.

[126] 宇翔. 预应力碳纤维布加固钢筋混凝土梁抗弯性能试验研究[D]. 沈阳: 辽宁科技大学, 2015.

[127] 江胜华, 侯建国, 何英明. 预应力碳纤维布加固钢筋混凝土梁的抗弯性能试验研究[J]. 建筑结构学报, 2008（S1）: 10-14.

[128] 庄江波. 预应力碳纤维布加固钢筋混凝土梁的试验研究与分析[D]. 北京: 清华大学, 2005.

[129] CHEN X, ZHUO J, LI T, et al. The flexural properties of RC beams strengthened with multi-points achored externally unbonded prestressed CFRP sheets[J]. Journal of Chongqing University（natural science edition）, 2016, 39(4):41-49.

[130] DU CHUANG, LI Y, SONG T. Influence of three bonded ways for prestressed CFRP sheet on flexural properties of RC beams[J]. Journal of Shenyang University of technology, 2014,36(4):464-470.

[131] 钱伟, 高丹盈. 预应力碳纤维加固钢筋混凝土梁正截面承载力计算方法[J]. 建筑科学, 2006（5）: 10-14.

[132] YANG Y X, ZHANG W, GUAN Z W, et al. Numerical analysis of RC beams strengthened with pre-stressed CFRP sheets[J]. Advanced materials research, 2011, 255-260:3101-3105.

[133] 詹妮, 苏有文, 李超飞, 等. 预应力碳纤维布加固钢筋混凝土梁抗弯正截面承载力分析[J]. 混凝土与水泥制品, 2014（1）: 53-58.

[134] 高仲学, 王文炜, 黄辉. 预应力碳纤维布加固钢筋混凝土梁抗弯承载力计算[J]. 东南大学学报（自然科学版）, 2013（1）: 195-202.

[135] 王震强. 预应力碳纤维布加固钢筋混凝土梁受弯性能非线性有限元分析[J]. 建筑结构, 2010（S1）: 335-338.

[136] 于龙. 碳纤维加固钢筋混凝土梁受弯性能非线性有限元分析[J]. 水利与建筑工程学报, 2010, 8（2）: 113-116.

[137] 陆洲导, 谢群, 何海. 碳纤维布加固钢筋混凝土连续梁受弯性能研究[J]. 建筑结构, 2005（3）: 33-35.

[138] 高颖, 曹征良. 碳纤维布加固钢筋混凝土梁的受弯承载力计算[J]. 深圳大学学报, 2005（1）: 85-90.

[139] 谢剑, 赵彤, 王亨. 碳纤维布加固钢筋混凝土梁受弯承载力设计方法的研究[J]. 建筑技术, 2002（6）: 411-413.

[140] 王敏容. 考虑二次受力的碳纤维布加固钢筋混凝土梁抗弯承载力计算[J]. 中外公路, 2013（6）: 102-106.

[141] 秦灏如, 王博. 碳纤维布加固人防工程钢筋混凝土梁的抗弯承载力计算[J]. 江苏教育学院学报（自然科学版）, 2011（2）: 53-56.

[142] 王文炜, 赵国藩, 黄承逵, 等. 碳纤维布加固已承受荷载的钢筋混凝土梁抗弯性能试验研究及抗弯承载力计算[J]. 工程力学, 2004（4）: 172-178.

[143] 王晓刚. 碳纤维布加固锈蚀钢筋混凝土梁受弯性能研究[D]. 上海: 同济大学, 2008.

[144] 高鹏, 顾祥林. 预张拉碳纤维布加固钢筋混凝土梁抗弯承载力[J]. 结构工程师, 2008（2）: 89-93.

[145] 周淼, 田燕, 陈克华, 等. 预应力碳纤维布加固钢筋混凝土梁的抗弯承载力分析[J]. 河南理工大学学报（自然科学版）, 2008（2）: 239-243.

[146] 江胜华, 侯建国, 何英明. 预应力碳纤维布加固钢筋混凝土梁的正截面受弯承载力分析[J]. 四川建筑科学研究, 2009（4）: 85-87.

[147] 赵崇臣, 王新敏, 邹振祝. 碳纤维布加固钢筋混凝土梁抗弯承载力的设计计算[J]. 石家庄铁道学院学报, 2003（1）: 28-31.

[148] 周爱军, 黄承逵. 碳纤维布加固钢筋混凝土梁抗弯承载力设计计算方法[J]. 公路交通科技, 2007, 24（8）: 78-82.

[149] GAO Z, WANG W, HUANG H. Calculation of flexural capacity of RC beams strengthened with prestressed CFRP sheets[J]. Journal of Southeast University (Natural Science Edition), 2013,43(1):195-202.

[150] SAWULET B, YE L. Analysis and calculating method of flexural capacity of RC T-beams strengthened with prestressed CFRP sheets[J]. Building structure, 2008,38(12):102-104, 109.

[151] YANG Y, YUE Q. Calculating method of flexural capacity for RC beams strengthened with pre-stressed CFRP sheets[C]. Advances in structural engineering:theor and applications, Fuzhou & Xiamen. 2006:1521-1526.

[152] CHU Y. Experimental study on construction process and bending capacity of damaged RC beam strengthened by composite cfrp sheets[J]. Industrial construction, 2012, 42(4): 73-77.

[153] GAO Z, ZHU X. Calculation of flexural capacity of RC beams strengthened with prestressed CFRP sheets[J]. Journal of Hefei University of technology（natural science）, 2012,35(9): 1235-1237, 1288.

[154] JAVID D D, KUMAR SATHISH STUDENT D O C E, ASSISTANT PROFESSOR D O C E. Experimental study on post repair performance of reinforced concrete beams rehabilitated and strengthened with CFRP sheets. A thesis[J]. Research Journal of Engineering and Technology, 2016(3):103-114.

[155] MAGHSOUDI A A, BENGAR H A. Acceptable lower bound of the ductility index and serviceability state of RC continuous beams strengthened with CFRP sheets[J]. Scientia iranica, 2011, 18(1): 36-44.

[156] AKBARZADEH H H A B, MAGHSOUDI A A M A. Experimental and analytical investigation of reinforced high strength concrete continuous beams strengthened with fiber reinforced polymer[J]. Materials and design, 2010(3):1130-1147.

[157] DONG J, WANG Q, PENG Z, et al. Flexural behavior of concrete beams externally strengthened with CFRP sheets[C]. International conference on electric technology and civil engineering. 2011:6621 - 6624.

[158] FERRIER E, AVRIL S, HAMELIN P, et al. Mechanical behavior of RC beams reinforced by externally bonded CFRP sheets[J]. Materials & structures, 2003, 36(8): 522-529.

[159] ZHOU A J, HUANG C K. Calculation method of flexural capacity of reinforced concrete beams with externally bonded CFRP Sheets[J]. Journal of highway & transportation research & development, 2007.

[160] ZHANG W X, PENG D, YI W J, et al. Research on reliability of calculation formulas of flexural capacity of RC beams reinforced with CFRP[C].11th International Symposium on Structural Engineering, Guangzhou, CHINA, 2010.

[161] KOTYNIA R. Debonding failures of RC beams strengthened with externally bonded strips[C]. International Symposium on Bond Behaviour of FRP in Structures, Hong Kong, CHINA, 2005.

[162] AI-JUN Z, CHENG-KUI H. Calculation method of flexural capacity of reinforced concrete beams with externally bonded CFRP sheets[J]. Journal of highway and transportation research and development, 2007(8):78-82.

[163] YANG Y, YUE Q. Calculating method of flexural capacity for rc beams strengthened with pre-stressed CFRP sheets[C].Advances in Structural Engineering,Theory and Applications, Fuzhou & Xiamen, 2006.

[164] ZHANG X, LI S B, YANG L L, et al. Analysis on Mechanical Behavior of RC Beams Strengthened with Inorganic Adhesive CFRP Sheets[C]. 5th International Conference on FRP Composites in Civil Engineering, Beijing, China, 2010.

[165] 高颖, 曹征良. 碳纤维布加固钢筋混凝土梁的受弯承载力计算[J]. 深圳大学学报（理工版）, 2005, 22（1）: 85-90.

[166] 由世岐, 刘斌, 张书禹. 碳纤维布加固钢筋混凝土梁正截面受弯承载能力试验研究与计算分析[J]. 建筑科学, 2005（4）: 1-5.

[167] 张广泰, 刘清, 王克新. 碳纤维布加固钢筋混凝土梁的抗弯试验和数值分析[J]. 工业建筑, 2009（8）: 80-83.

[168] 刘维瑞, 张爱社, 袁成科, 等. CFRP加固钢筋混凝土梁受弯承载力分析[J]. 山东建筑大学学报, 2010, 25

（3）：327-329.

[169] 杨勇新，岳清瑞，叶列平. 碳纤维布加固钢筋混凝土梁受弯剥离承载力计算[J]. 土木工程学报，2004（2）：23-27.

[170] 中交第一公路勘察设计研究院有限公司. 公路桥梁加固设计规范：JTG/T J22—2008[M]. 北京：人民交通出版社，2008.

[171] 过镇海. 钢筋混凝土原理：钢筋混凝土原理[M]. 北京：清华大学出版社，2013.

[172] ELSANADEDY H M, ALMUSALLAM T H, ALSAYED S H, et al. Experimental and FE study on RC one-way slabs upgraded with FRP composites[J]. KSCE journal of civil engineering, 2015, 19(4): 1024-1040.

[173] LONG Y U. Nonlinear finite element analysis on flexural performances of RC beams strengthened with CFRP sheets[J]. Journal of water resources & architectural engineering, 2010.

[174] 张军伟，王廷彦. 钢筋钢纤维高强混凝土框架边节点抗震性能试验研究和有限元分析[J]. 混凝土，2011（4）：33-37.

[175] ZHANG J, TIAN X, WANG T, et al. Influence of FRP material types on seismic behavior of FRP reinforced damaged steel fiber reinforced high-strength concrete frame exterior joints[J]. Concrete, 2013(8):24-28.

[176] 王晓刚，顾祥林，张伟平. 碳纤维布加固锈蚀钢筋混凝土梁的抗弯刚度[J]. 建筑结构学报，2009（5）：169-176.

[177] 黄楠，李辉. 二次受力碳纤维布加固钢筋混凝土梁短期刚度的计算[J]. 宁波大学学报（理工版），2015（4）：59-63.

[178] 张学礼，贾瑞强，尹显南. 碳纤维布加固混凝土梁截面刚度计算及计算机模型[J]. 工业建筑，2006（S1）：1042-1045.

[179] 张彦洪. 碳纤维布加固钢筋混凝土梁短期刚度计算方法的探讨[J]. 公路交通科技（应用技术版），2008（10）：142-144.

[180] 杨玫，王苏岩. 碳纤维布加固钢筋混凝土梁抗弯刚度计算[J]. 建筑科学，2005（4）：34-37.

[181] 杨勇新，岳清瑞. 碳纤维布加固混凝土梁截面刚度计算[J]. 工业建筑，2001（9）：1-4.

[182] 宋力. 碳纤维布加固锈蚀钢筋混凝土梁抗弯刚度的衰减规律[J]. 低温建筑技术，2009（8）：26-29.

[183] 蔺新艳，孟海平，杨健辉，等. FRP加固钢筋混凝土梁实用刚度模型[J]. 玻璃钢/复合材料，2013（3）：13-17.

[184] 陈万祥，郭志昆，任新见. 碳纤维布加固钢筋混凝土梁挠度计算的有限元分析[J]. 四川建筑科学研究，2003（2）：51-53.

[185] 蒙文，孟燕，佘志山. 碳纤维布加固高强度钢筋混凝土梁的短期挠度分析[J]. 建筑技术，2012（7）：652-655.

[186] 刘丽梅，张伟平，顾祥林，等. 碳纤维布与混凝土的黏结性能及其耐久性研究[J]. 建筑结构，2006（s1）：788-791.

[187] 余琼，张燕语. 预应力碳纤维布加固钢筋混凝土梁挠度研究[J]. 结构工程师，2011（1）：139-143.

[188] 王先华，彭晖. 预应力FRP加固钢筋混凝土梁的挠度计算方法[J]. 交通科学与工程，2010（2）：48-52.

[189] 王雷，曾德荣，朱曲平，等. 碳纤维布加固钢筋混凝土梁挠度的一种计算方法[J]. 现代交通技术，2005（5）：36-38.

[190] 李志成，邱飞，朱家祥. 碳纤维布加固钢筋混凝土梁挠度的计算方法[J]. 解放军理工大学学报（自然科学版），2002（2）：74-76.

[191] 蒋元平，青光绪. CFRP加固钢筋混凝土梁的挠度计算[J]. 中国西部科技，2009（6）：1-3.

[192] 美国混凝土协会. 美国房屋建筑混凝土结构规范[D]. 重庆：重庆大学，2007.

[193] 蔺新艳，朱小静，孟海平. 考虑裂缝分布的外贴复合纤维增强材料加固钢筋混凝土梁变形研究[J]. 工业建筑，2013（8）：79-82.

[194] 余琼，杨斌. 芳纶纤维布加固钢筋混凝土梁挠度计算[J]. 结构工程师，2007（6）：94-100.

[195] 王文炜，赵国藩. 玻璃纤维布加固的钢筋混凝土梁挠度计算[J]. 四川建筑科学研究，2004（3）：33-36.

[196] 蔡江勇，吕丽霞，乐建元，等. FRP 布加固钢筋混凝土梁挠度计算[J]. 武汉理工大学学报，2009（15）：58-60.

[197] 贾淑明. 碳纤维布加固的钢筋混凝土梁挠度的数值模拟分析[J]. 兰州工业高等专科学校学报，2010（2）：45-47.

[198] FAYYADH M M, RAZAK H A D O. Analytical and experimental study on repair effectiveness of CFRP sheets for RC beams[J]. Journal of civil engineering and management, 2014, 20(1): 21-31.

[199] KOTYNIA R, BAKY H A, NEALE K W, et al. Flexural strengthening of RC beams with externally bonded CFRP systems: test results and 3D nonlinear FE analysis[J]. Journal of composites for construction, 2008(2):190-201.

[200] 成小飞，吴相豪，曾春华. 混凝土徐变对碳纤维加固钢筋混凝土梁的挠度影响[J]. 中国安全生产科学技术，2009，5（2）：19-23.

[201] 蔺新艳，曹双寅，张雷顺. 碳纤维加固具有初始裂缝的钢筋混凝土梁弯曲裂缝特性试验研究[J]. 工业建筑，2006，36（s1）：1009-1011.

[202] 曹双寅，蔺新艳，敬登虎，等. 外贴碳纤维布加固钢筋混凝土梁裂缝性能试验研究[J]. 建筑结构学报，2010，31（1）：33-40.

[203] 蔺新艳. 碳纤维加固钢筋混凝土梁试验研究与分析[D]. 郑州：郑州大学，2004.

[204] 熊学玉，徐海峰. 碳纤维与钢板复合加固钢筋混凝土梁裂缝的试验研究[J]. 中国铁道科学，2012，33（3）：21-27.

[205] 徐芸，徐萌，查润华，等. 碳纤维板加固钢筋混凝土梁裂缝的试验研究[J]. 九江学院学报（自然科学版），2005，20（1）：22-25.

[206] 刘其伟，华明，瞿瑞兴，等. CFRP 加固钢筋混凝土梁裂缝研究[J]. 公路交通科技，2007，24（12）：79-84.

[207] CAZACU C, MUNTEAN R, CAZACU A. Crack widths in RC beams externally bonded with CFRP sheets and plates[J]. Journal of applied engineering sciences, 2011, 1(3):19-26.

[208] 蔺新艳，张雷顺，曹双寅. FRP 加固钢筋混凝土受弯构件裂缝计算模式[J]. 特种结构，2006，23（4）：93-95.

[209] 张雁，蔺新艳. 碳纤维加固钢筋混凝土梁的受弯裂缝计算方法[J]. 河南科学，2011，29（12）：1474-1477.

[210] 冯杰. CFRP 加固钢筋混凝土梁裂缝宽度与刚度的计算方法[D]. 郑州：郑州大学，2013.

[211] 庄江波，叶列平. CFRP 布加固钢筋混凝土梁的裂缝研究[J]. 工业建筑，2004，34（s1）：72-78.

[212] 曹植. CFRP 加固钢筋混凝土梁裂缝宽度与刚度的计算方法[J]. 四川水泥，2016（9）：342-344.

[213] 庄江波，叶列平，鲍轶洲，等. CFRP 布加固混凝土梁的裂缝分析与计算[J]. 东南大学学报（自然科学版），2006，36（1）：86-91.

[214] 高丹盈，钱伟. 碳纤维布加固钢筋混凝土梁裂缝宽度的计算方法[J]. 工业建筑，2006（s1）：167-171.

第2章 碳纤维布加固钢筋混凝土短梁受弯试验概况

2.1 引　言

通过总结国内外对碳纤维布加固钢筋混凝土梁的试验研究发现，国内外学者对碳纤维布加固钢筋混凝土浅梁受弯性能的研究较为系统，也有少数学者对碳纤维布加固钢筋混凝土短梁和深梁的抗剪进行了试验研究，但缺乏碳纤维布加固钢筋混凝土短梁受弯性能的研究。

为了研究碳纤维布加固钢筋混凝土短梁的受弯性能，进行了 1 根未加固钢筋混凝土短梁和 10 根碳纤维布加固钢筋混凝土短梁的单调静力加载试验，在梁跨内三分点位置施加 2 个集中荷载。

在试验过程中，为了测量混凝土的立方体抗压强度、劈拉强度、轴心抗压强度和弹性模量，制作了 6 个立方体和 6 个长方体伴随试块，测量了钢筋、混凝土和碳纤维布的应变及梁的挠度、倾角、裂缝和荷载等参数。

2.2 试 件 设 计

2.2.1 参数设计

分析国内外碳纤维布加固钢筋混凝土梁受弯试验结果，碳纤维布加固钢筋混凝土短梁受弯承载力的影响因素主要包括跨高比、碳纤维布层数、混凝土强度等级、纵筋配筋率等。结合本章试验目的，本章试验设计了跨高比、碳纤维布层数、混凝土强度、纵筋配筋率共 4 组对比试验。

参考常见的碳纤维布加固钢筋混凝土梁受弯试验设计，试验参数的变化范围分别如下：跨高比变化试验是以 1 层碳纤维布加固钢筋混凝土梁和 0.42%纵筋配筋率为基础跨高比分别取 2、3、4、5 和 6，跨高比为 6 的梁属于浅梁，设计此梁的目的是与浅梁的试验结果做对比，更好地与浅梁计算理论衔接；碳纤维布层数对比试验是以 0.42%纵筋配筋率和 C30 混凝土强度等级为基础碳纤维布层数分别取 0、1 和 2；混凝土强度对比试验是以 1 层碳纤维布加固和 0.42%纵筋配筋率为基础混凝土强度等级分别取 C20、C30 和 C40；纵筋配筋率对比试验是以 1 层碳纤维布加固和 C30 混凝土强度等级为基础纵筋配筋率分别取 0.42%、0.60%和 0.82%。试件主要设计参数见表 2.1。

表 2.1　试件主要设计参数

试件编号	跨高比	碳纤维布层数	混凝土强度等级	纵筋配筋率/%
W2-C-1-30-4	2	1	C30	0.42
W3-C-1-30-4	3	1	C30	0.42
W4-C-1-30-4	4	1	C30	0.42
W5-C-1-30-4	5	1	C30	0.42
W6-C-1-30-4	6	1	C30	0.42
W4-0-0-30-4	4	0	C30	0.42
W4-C-1-30-4	4	1	C30	0.42
W4-C-2-30-4	4	2	C30	0.42
W4-C-1-20-4	4	1	C20	0.42
W4-C-1-30-4	4	1	C30	0.42
W4-C-1-40-4	4	1	C40	0.42
W4-C-1-30-4	4	1	C30	0.42
W4-C-1-30-6	4	1	C30	0.60
W4-C-1-30-8	4	1	C30	0.82

2.2.2　试件截面、配筋及加固设计

考虑到跨高比较小的短梁不容易发生弯曲破坏，对表 2.1 中跨高比为 2 和 3 的试件的配筋率稍微进行调整，跨高比为 2 的短梁的纵筋由设计的 4 根直径为 10mm 的钢筋变为 4 根直径为 8mm 的钢筋，跨高比为 3 的短梁的纵筋由设计的 4 根直径为 10mm 的钢筋变为 2 根直径为 8mm 加 2 根直径为 10mm 的钢筋，去掉表 2.1 中 4 组参数试验中重复的试件。试验共设计制作了 11 根截面宽度 150mm、高度 500mm、净跨 1000～3000mm、跨高比 2～6 的钢筋混凝土梁，各个试件的详细配筋图如图 2.1～图 2.7 所示，试件的几何尺寸和配筋通用图如图 2.8 所示，试件详细设计参数见表 2.2。

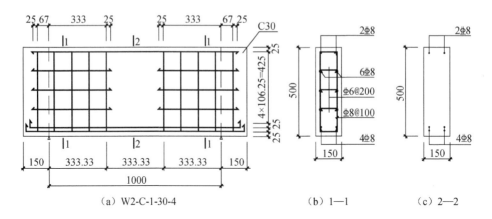

（a）W2-C-1-30-4　　　　　　　　　　（b）1—1　　　（c）2—2

图 2.1　跨高比为 2 的短梁详细配筋图（单位：mm）

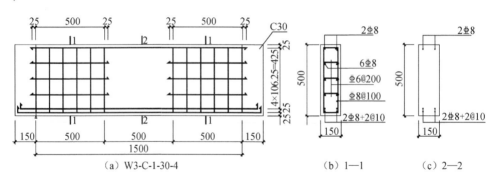

（a）W3-C-1-30-4　　　　　　　　　　（b）1—1　　　（c）2—2

图 2.2　跨高比为 3 的短梁详细配筋图（单位：mm）

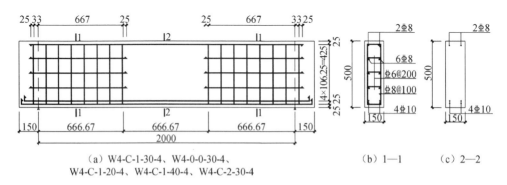

（a）W4-C-1-30-4、W4-0-0-30-4、　　　　　　　　　（b）1—1　　　（c）2—2
　　　W4-C-1-20-4、W4-C-1-40-4、W4-C-2-30-4

图 2.3　跨高比为 4、配筋率为 0.42% 的短梁详细配筋图（单位：mm）

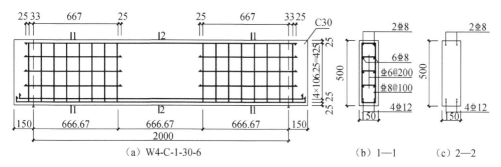

图 2.4　跨高比为 4、配筋率为 0.6% 的短梁详细配筋图（单位：mm）

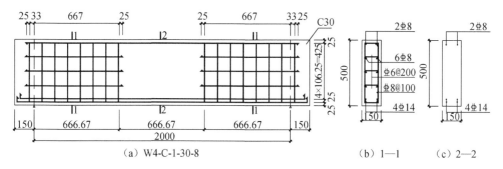

图 2.5　跨高比为 4、配筋率为 0.82% 的短梁详细配筋图（单位：mm）

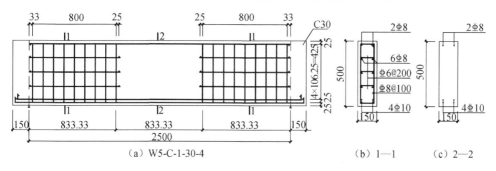

图 2.6　跨高比为 5 的短梁详细配筋图（单位：mm）

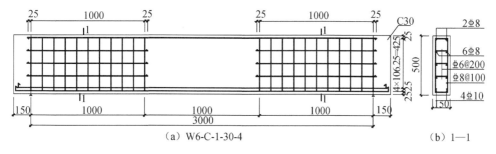

图 2.7　跨高比为 6 的短梁详细配筋图（单位：mm）

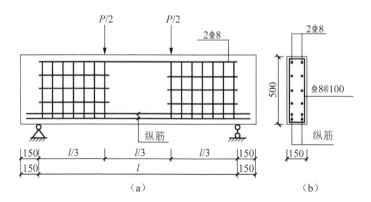

图 2.8　试件的几何尺寸和通用配筋图（单位：mm）

表 2.2　试件详细设计参数

试件编号	截面尺寸 $b×h$	总长/mm	跨度/mm	跨高比	纵筋配置	配筋率/%	混凝土强度等级
W2-C-1-30-2	150mm×500mm	1300	1000	2	4Φ8	0.27	C30
W3-C-1-30-3	150mm×500mm	1800	1500	3	2Φ8+2Φ10	0.34	C30
W4-C-1-30-4	150mm×500mm	2300	2000	4	4Φ10	0.42	C30
W5-C-1-30-4	150mm×500mm	2800	2500	5	4Φ10	0.42	C30
W6-C-1-30-4	150mm×500mm	3300	3000	6	4Φ10	0.42	C30
W4-0-0-30-4	150mm×500mm	2300	2000	4	4Φ10	0.42	C30
W4-C-2-30-4	150mm×500mm	2300	2000	4	4Φ10	0.42	C30
W4-C-1-20-4	150mm×500mm	2300	2000	4	4Φ10	0.42	C20
W4-C-1-40-4	150mm×500mm	2300	2000	4	4Φ10	0.42	C40
W4-C-1-30-6	150mm×500mm	2300	2000	4	4Φ12	0.60	C30
W4-C-1-30-8	150mm×500mm	2300	2000	4	4Φ14	0.82	C30

设计制作的 11 根梁中，1 根为普通钢筋混凝土未加固梁，10 根为碳纤维布加固钢筋混凝土梁。试验主要研究碳纤维布加固短梁的抗弯性能，所以只在梁底端粘贴碳纤维布，为了防止试件底部的碳纤维布发生端部剥离破坏，在两端弯剪区内分别设置两道 100mm 宽的环形封闭箍，环形封闭箍材料同底端 CFRP 加固材料，跨高比不同的试件，其环形封闭箍间距也不同，各个试件的加固尺寸图如图 2.9～图 2.13 所示，试件的碳纤维布加固通用图如图 2.14 所示，加固设计参数见表 2.3。

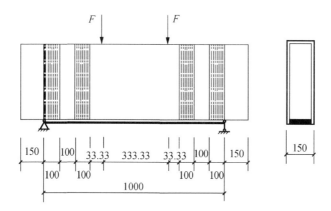

图 2.9　跨高比为 2 的试件的加固尺寸图（单位：mm）

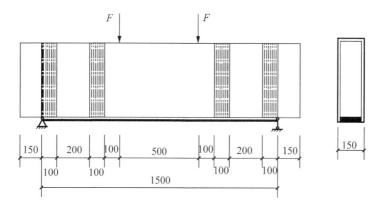

图 2.10　跨高比为 3 的试件的加固尺寸图（单位：mm）

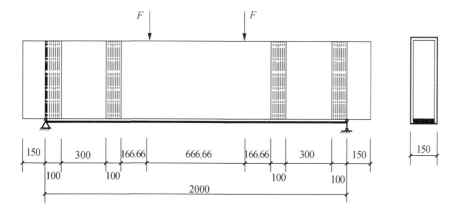

图 2.11　跨高比为 4 的试件的加固尺寸图（单位：mm）

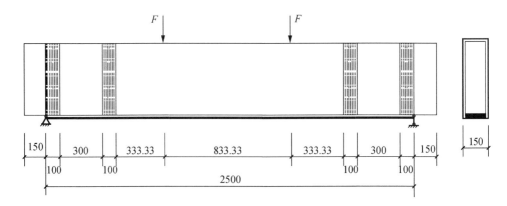

图 2.12　跨高比为 5 的试件的加固尺寸图（单位：mm）

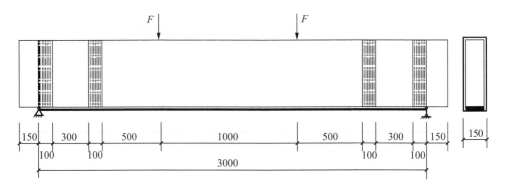

图 2.13　跨高比为 6 的试件的加固尺寸图（单位：mm）

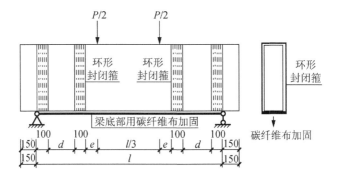

图 2.14　试件的碳纤维布加固通用图（单位：mm）

表 2.3   试件加固设计参数

试件编号	碳纤维布			端部锚固	d / mm	e / mm
	b_f / mm	l_f / mm	层数 n			
W2-C-1-30-2	150	1000	1	封闭箍	133	0
W3-C-1-30-3	150	1500	1	封闭箍	300	0
W4-C-1-30-4	150	2000	1	封闭箍	300	167
W5-C-1-30-4	150	2500	1	封闭箍	300	333
W6-C-1-30-4	150	3000	1	封闭箍	300	500
W4-0-0-30-4			0	无		167
W4-C-2-30-4	150	2000	2	封闭箍	300	167
W4-C-1-20-4	150	2000	1	封闭箍	300	167
W4-C-1-40-4	150	2000	1	封闭箍	300	167
W4-C-1-30-6	150	2000	1	封闭箍	300	167
W4-C-1-30-8	150	2000	1	封闭箍	300	167

注：d、e 的含义见图 2.14。

试件制作并加固好以后，其主要变化参数不变，仍为跨高比、碳纤维布层数、混凝土强度等级、纵筋配筋率，见表 2.1。

2.3   试验材料、混凝土配合比及试件制作

2.3.1   试验材料

本章试验所使用的材料包括水泥、骨料（粗骨料和细骨料）、水、减水剂、钢筋、碳纤维布、CFRP 粘贴专用胶、应变片（钢筋、混凝土和碳纤维布使用）等。

1. 水泥

本章采用两种水泥，一种是华泰天瑞牌强度等级为 32.5 的复合硅酸盐水泥，用于浇筑 C20 构件，另外一种是天瑞集团郑州水泥有限公司生产的天瑞牌强度等级为 42.5 的普通硅酸盐水泥，用于浇筑 C30、C40 构件。

本章试验测定的 3d 和 28d 胶砂强度，均满足《通用硅酸盐水泥》（GB 175—2007）[1] 的要求，厂家提供的出厂合格证明中，化学指标、体检定性、凝结时间、碱含量、细度等各项技术指标也均符合规范[1]的要求。

2. 骨料

粗骨料，试验采用 5～20mm 连续级配良好的人工碎石，各项指标满足《建设用卵石、碎石》（GB/T 14685—2011）[2]的要求。

细骨料，试验采用颗粒级配良好、细度模数为 3.01（中砂偏粗）的天然河砂，各项指标满足《建设用砂》（GB/T 14684—2011）[3]要求。

3. 水

混凝土拌和用水采用符合郑州市饮用水标准的自来水，各项指标满足《混凝土用水标准》（JGJ 63—2006）[4]的要求。

4. 减水剂

配置 C40 混凝土时，为了增加拌和物的流动性，使用了高效聚羧酸减水剂，产品按照《混凝土外加剂》（GB 8076—2008）[5]标准执行，减水效率为 25%左右。

5. 钢筋

试件中所有配筋均采用 HRB400 级钢筋。产品各项指标符合《钢筋混凝土用钢　第 2 部分：热轧带肋钢筋》（GB/T 1499.2—2018）[6]的各项要求。按照《金属材料　拉伸试验　第 1 部分：室温试验方法》（GB/T 228.1—2010）[7]的要求制作了钢筋试样，一种直径的钢筋制作了两个试样，不同直径钢筋的力-位移曲线如图 2.15～图 2.18 所示,根据曲线计算出的不同直径 HRB400 钢筋的力学性能见表 2.4。

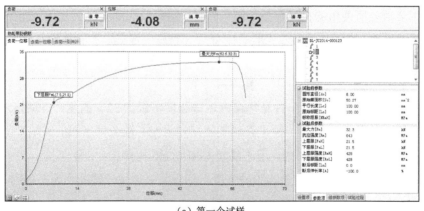

（a）第一个试样

图 2.15　直径为 8mm 的钢筋的力-位移曲线图

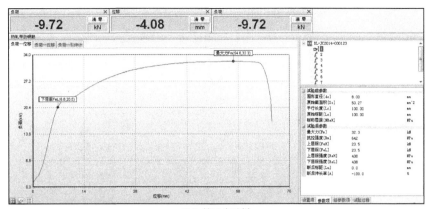

（b）第二个试样

图 2.15（续）

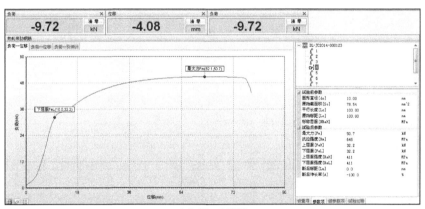

（a）第一个试样

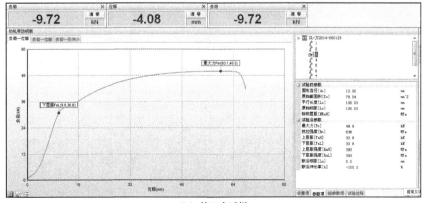

（b）第二个试样

图 2.16　直径为 10mm 的钢筋的力-位移曲线图

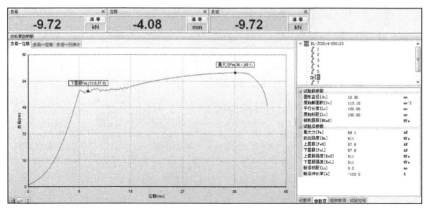

（a）第一个试样

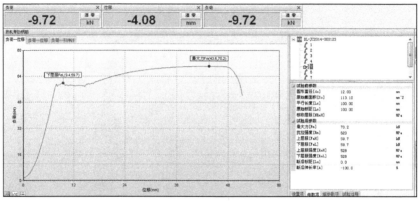

（b）第二个试样

图 2.17　直径为 12mm 的钢筋的力-位移曲线图

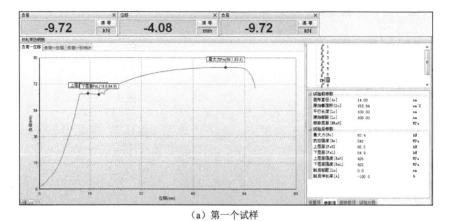

（a）第一个试样

图 2.18　直径为 14mm 的钢筋的力-位移曲线图

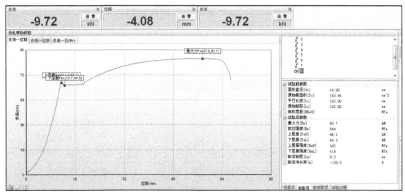

（b）第二个试样

图 2.18（续）

表 2.4　钢筋力学性能指标

强度等级	直径 d/mm	屈服强度 f_y/MPa	抗拉强度 f_u/MPa	弹性模量 E_s/GPa
HRB400	8	418	642	200
	10	411	641	200
	12	520	616	200
	14	421	543	200

6. 碳纤维布

高强 I 级的单向碳纤维布如图 2.19 所示，经国家建筑材料测试中心检验，该产品所检项目的检验结果符合《工程结构加固材料安全性鉴定技术规范》（GB 50728—2011）[8]中碳纤维复合材安全性能鉴定标准（单向织物高强 I 级）的技术要求。实测碳纤维布主要性能指标见表 2.5。

图 2.19　高强 I 级的单向碳纤维布

表 2.5　碳纤维布主要性能指标

弹性模量 E_{frp}/GPa	抗拉强度 f_{fu}/MPa	计算厚度/ mm	单位面积质量/ （g/m²）	弯曲强度/ MPa	与基材黏结强度/ MPa	伸长率/ %
246	3512	0.167	298	734	3.4	1.71

7. CFRP 粘贴专用胶

试验采用南京天力信科技实业有限公司生产的 TLS-500 系列碳纤维加固胶，它由 TLS-501 型底胶、TLS-502 型找平胶、TLS-503 型浸渍粘贴胶组成。其中，TLS-501 型底胶用于加固构件表面的底层涂抹；TLS-502 型找平胶用于加固构件表面缺陷的修补、找平；TLS-503 型浸渍粘贴胶（图 2.20）用于加固构件表面碳纤维片材的浸渍和粘贴，该胶符合《工程结构加固材料安全性鉴定技术规范》（GB 50728—2011）[8]中表 4.2.2-3 中 I 类胶 A 级的技术要求。TLS-503 型浸渍粘贴胶有 A 胶和 B 胶两种组分，使用过程中 A 胶和 B 胶按照 4∶1 的比例混合，其各项力学性能均符合《混凝土结构加固设计规范》（GB 50367—2013）[9]的要求。

图 2.20　TLS-503 型浸渍粘贴胶

8. 应变片

试验过程中共使用 4 种应变片，均为河北省邢台金力传感元件厂生产。其中，钢筋应变片为了防腐采用胶基应变片，受力钢筋应变片规格为 3mm×5mm，架立钢筋应变片规格为 2mm×3mm。混凝土应变片和碳纤维布应变片采用纸基丝式片，规格分别为 3mm×100mm 和 3mm×20mm，其中碳纤维布应变片产品的正面和背面分析如图 2.21 和图 2.22 所示。

图 2.21　碳纤维布用应变片产品的正面

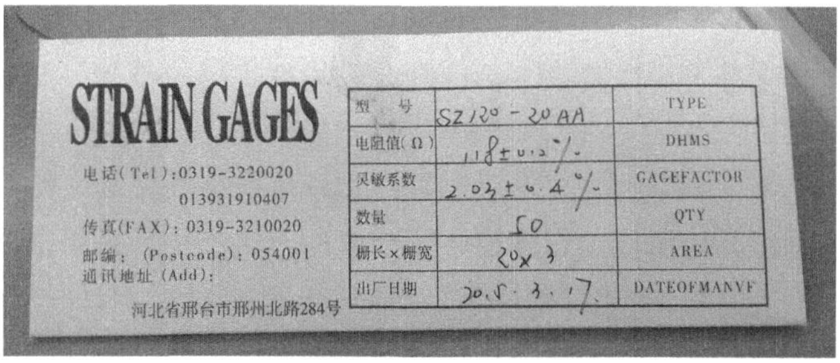

图 2.22　碳纤维布用应变片产品的背面

2.3.2　混凝土配合比

　　水灰比、水泥强度、砂率、用水量等会影响混凝土的力学性能及和易性。其中，水灰比决定混凝土的抗压强度，和易性主要取决于砂率和用水量。因此，在设计混凝土配合比时，先通过其抗压强度选择水灰比，再以水灰比为基础根据抗拉强度及和易性确定砂率和用水量，最后进行试配调整。试配主要针对 C20、C30、C40 3 个强度等级进行。试配按照《普通混凝土配合比设计规程》（JGJ 55—2011）[10] 执行，具体配合比见表 2.6。

表 2.6　混凝土配合比　　　　　　　　　　（单位：kg/m³）

混凝土强度等级	水泥	砂	碎石	水	减水剂
C20	600	627	903	270	
C30	379	667	1134	220	
C40	384	645	1198	173	4.603

2.3.3　试件制作

　　材料准备完毕后，开始试件制作。试件主要制作过程如下：钢筋笼制作→钢筋应变片粘贴→试件浇筑与养护→试件加固。

1. 钢筋笼制作

钢筋笼制作过程如下：钢筋下料长度计算→钢筋加工→钢筋绑扎。

钢筋下料长度应根据构件尺寸、混凝土保护层厚度、钢筋弯曲调整值和弯钩增加长度等综合考虑。钢筋的加工包括调直、除锈、切断、接长、弯曲成型等，钢筋加工均是在钢筋加工棚按照工程施工质量要求完成的。采用 20 号钢丝绑扎直径 12mm 以上钢筋，22 号钢丝绑扎直径 10mm 以下钢筋。

2. 钢筋应变片粘贴

钢筋应变片粘贴过程主要如下：应变片和导线焊接→钢筋表面打磨→表面清理→应变片粘贴。

将应变片的两根触须缠绕在双股铜导线上，用电烙铁焊接，如图 2.23 所示，然后用欧姆表测量其电阻值是否合格，不合格的弃之不用。采用打磨机对钢筋进行打磨，再用细砂纸对其进行细打磨，保证钢筋表面平整。表面打磨后用棉签蘸取适量酒精进行清洗，除去表面灰尘保证应变片粘贴牢固。待酒精挥发之后，在打磨边缘一端绕钢筋缠一圈防水胶带，在打磨表面轻轻涂抹 502 胶水，将应变片靠近触须端紧紧贴着防水胶带沿钢筋长度方向放在上面，然后戴上塑料手套，用手指在应变片上朝一个方向轻轻挤压，以挤出应变片底部的空气，502 胶水凝固之后用胶带固定，再在应变片表面轻轻涂抹一层环氧树脂，待环氧树脂初步凝固之后用纱布裹上环氧树脂，对应变片及导线焊接处进行密封处理。钢筋应变片粘贴完成之后（图 2.24），对其进行编号。环氧树脂凝固之后即可准备试件浇筑。

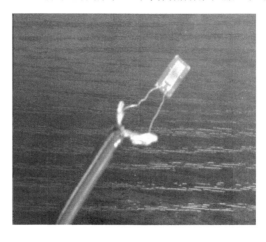

图 2.23　应变片和导线焊接

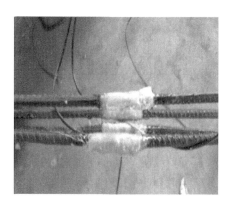

图 2.24　粘贴的钢筋应变片

3. 试件浇筑与养护

试件浇筑和养护过程主要如下：支设模板→混凝土搅拌→浇筑并振捣→养护。

模板采用木模，由于试件高度比较大，为了防止振捣过程中发生崩模，在试件两边 1/3 跨度位置处沿梁高的中间设置拉筋对模板进行加固。混凝土搅拌前，要对粗骨料进行清洗，细骨料进行过筛，按照混凝土实验室配合比计算施工配合比，投料搅拌机进行搅拌。浇筑完成之后，第 2 天进行拆模，拆模之后在试件表面覆盖一层养护毡，以减少水分的蒸发，在拆模之后的 14d 内每隔 4h 洒水一次，以保证水泥在凝结硬化过程中对水分的需求，之后 14d 内每天早、中、晚各洒水一次，直至 28d 养护期满。每个试件的伴随试块和温度补偿试块与试件一起浇筑，并进行编号。浇筑好的试件如图 2.25 所示。

图 2.25　浇筑好的试件

4. 试件加固

试件加固过程主要如下：裁剪碳纤维布→打磨构件→表面清理→涂胶粘贴碳纤维布。

试件养护期满后，将试件运至结构实验室准备试件加固工作。首先检查纤维布有无瑕疵，选取布中间一段的纤维布，按照试验设计的尺寸对纤维布进行裁剪。用混凝土打磨机对粘贴面和锚固面进行打磨，如图 2.26 所示转角部位必须被打磨成圆弧状，圆弧半径不小于 20mm，清除表面的浮灰层，露出试件的结构层，再用砂布进行细部打磨。打磨完成后用吹风机吹掉构件表面的粉尘，然后再用酒精清洗打磨表面。配置打底用的 A 胶、B 胶，将二者按照 3∶1 的比例混合并搅拌均匀，在规定时间内用滚轮在试件表面均匀滚涂且保证厚度不超过4mm。待底胶固化后，检查表面是否平整，若有突起或者漏刷部分应该及时修理，在其表面继续涂刷一层比例为 4∶1 的 A 和 B 的混合找平胶，涂刷厚度较底胶稍薄。涂抹均匀后，将裁剪好的碳纤维布按照设计要求粘贴在试件上，粘贴后应立即用滚轮沿着一个方向滚动以挤出气泡，确保碳纤维布绷直与胶体紧密结合，最后在碳纤维布表面再涂抹一层胶体完成加固工作。加固好的试件如图 2.27 所示。

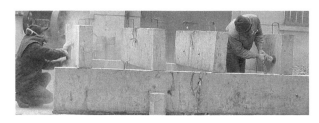

图 2.26　打磨构件

图 2.27　加固好的试件

因为本章试验的粘贴过程是在室内完成的，因此采取自然晾干的方法，待胶体凝结固化即可。碳纤维布的粘贴工艺对碳纤维布作用的发挥有很大的影响，所以在施工过程中要严格控制施工质量，消除因施工工艺的差别对试验结果的影响。

2.4　试验装置及加载制度

2.4.1　试验装置

试验主要研究简支短梁的正截面受弯性能，采用三分点单调静力加载。按照《混凝土结构试验方法标准》（GB/T 50152—2012）[11]对简支梁加载支撑方式和加载方式的要求，试验在郑州大学新型建材与结构中心的 1000t 微机控制电液伺服压弯试验机上进行，加载装置如图 2.28 所示，加载和测点布置示意图如图 2.29 所示。

图 2.28　加载装置

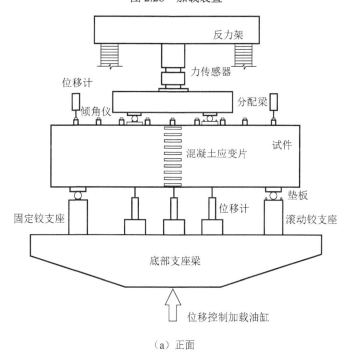

（a）正面

图 2.29　加载和测点布置示意图

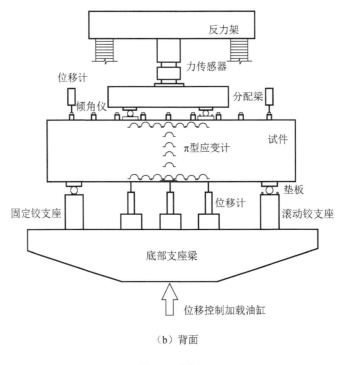

（b）背面

图 2.29（续）

由于试验机量程较大，远大于试验梁的极限荷载，为了提高试验精度，将试验机顶部横梁固定后作为反力架，在反力架上安装双输出压力传感器，由微机控制底部油缸位移向上加载。

2.4.2　加载制度

试验加载分为预加载和正式加载。

1. 预加载

为了检验支座是否平稳、沉降过大，仪器及加载设备是否正常，在对试件正式加载之前需要对试件进行预加载。根据《混凝土结构设计规范（2015 年版）》（GB 50010—2010）[12]对试件的开裂荷载和极限荷载进行估算。对构件进行预加载时，其加载值不超过计算开裂荷载的 70%，一般分为 1～2 加载等级，检查机器持载后是否稳定，然后再按照加载速度分级卸载到零。

2. 正式加载

预加载后，各仪器归零，正式加载采用分级加载制度，每级加载值为极限荷载的 10%，接近开裂荷载时加载值可减小到极限荷载的 5%，试件开裂之后仍执行极限荷载 10%的加载值。每级加载完成后持载 10min，待荷载稳定且裂缝不再发展时，对裂缝宽度、发展高度进行描绘和记录，对力、位移、应变和转角进行数据采集，加载至《混凝土结构试验方法标准》（GB/T 50152—2012）[11]规定的极限状态出现时不再加载。按照加载等级分级卸载。

2.5 试验测量内容及数据采集

试验过程中主要测量了钢筋、混凝土和碳纤维布的应变及梁的挠度、倾角、裂缝和荷载，测量设备具体位置如图 2.30 和图 2.31 所示。钢筋、混凝土和碳纤维布的应变及梁的挠度、倾角、荷载的试验数据均由 DH3816N 静态应变仪采集，如图 2.32 所示，梁的裂缝数据需要人工记录。

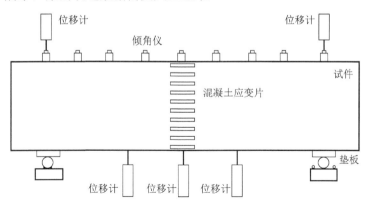

图 2.30 试件正面测量设备布置图

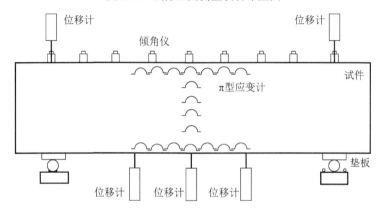

图 2.31 试件背面测量设备布置图

图 2.32　DH3816N 静态应变仪

1. 应变的测量

钢筋的应变通过预埋式钢筋应变片测量，为了防腐、防水，采用 BX120-5AA 型胶基应变片。测点主要布置在跨中纯弯区。每根受拉纵筋上粘贴 2 个，分别在跨中、跨中和加载点之间各设置 1 个，为了防止对同一截面钢筋面积削弱过多，4 根受拉钢筋跨中和加载点之间的应变片应尽量交叉错开设置。同时在受压区 2 根架立钢筋跨中分别设置 1 个应变测点。钢筋应变片测点布置如图 2.33 所示。

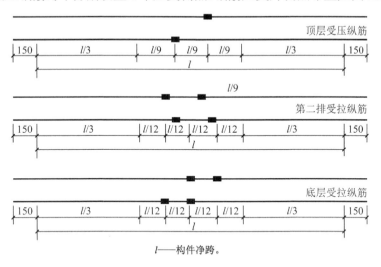

l——构件净跨。

图 2.33　钢筋应变片测点布置

采用表面粘贴 SZ120-100A 纸基丝式应变计（简称纸基丝式应变计，如图 2.34 所示）和粘贴 TML π 型应变计（简称 π 型应变计，如图 2.35 所示）两种方式测量混凝土应变。纸基丝式应变计的测量精度较高，最小精度可以达到 10^{-6}，缺点是量程小，一般只能在混凝土开裂前使用，混凝土开裂后会被破坏，本试验在跨中沿梁高度方向布置 10 个混凝土应变片，如图 2.36 所示。为了测量混凝土开裂后的应变,在试件的另一侧使用 π 型应变计,π 型应变计精度与纸基丝式应变计相同,但量程大,能测量混凝土开裂前后的应变。除了在跨中沿高度方向布置 π 型应变计外,为了测得纯弯段梁的曲率,在纯弯段上部受压区和下部受拉区也布置了 π 型应变计,如图 2.37 所示。

　　碳纤维布应变测量采用河北省邢台金立传感元件厂生产的纸基丝式 SZ120-20AA 应变计。在碳纤维布表面粘贴 2 个应变片测量碳纤维布应变,测点分别设置在梁跨中和跨中与加载点中间两处,碳纤维布应变片布置如图 2.38 所示。

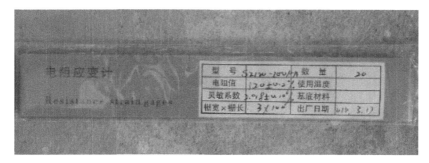

图 2.34　SZ120-100A 纸基丝式应变计

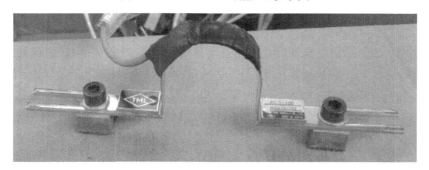

图 2.35　π 型应变计

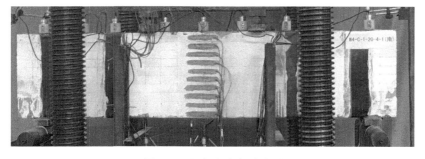

图 2.36　混凝土应变片布置

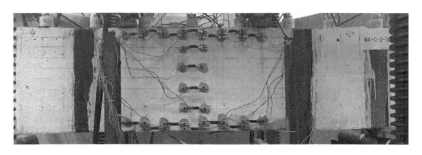

图 2.37　π 型应变计布置

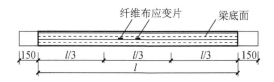

图 2.38　碳纤维布应变测点布置

2. 挠度的测量

在支座上部、加载点下部和跨中共布置 5 个应变式位移传感器（简称位移计，如图 2.39 所示）用以测量挠度。支座处设置用以测定支座沉降，加载点设置 2 个用以测量挠度曲线变化规律，跨中设置用以测量最大跨中挠度。位移计详细布置位置如图 2.30 和图 2.31 所示。

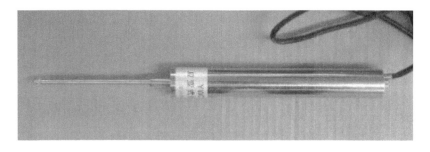

图 2.39　应变式位移传感器

3. 倾角的测量

为了测定试件在不同荷载下的转角或曲率，采用 YHQ-15 型倾角仪测量试件顶部的转角，如图 2.40 所示。倾角仪量程为 15°，精确度为 0.001°。测点沿试件净跨间隔 250mm 均匀布置，倾角仪导线与 DH3816N 静态应变采集仪连接。

图 2.40　YHQ-15 型倾角仪

4. 荷载的测量

采用布置在加载装置顶端反力架下面的双输出压力传感器测量荷载，压力传感器通过导线与 DH3816N 静态应变采集仪连接。加载到极限荷载时停止加载并卸载。达到极限荷载的标志：受拉主筋拉断；碳纤维布拉断或与混凝土剥离；受拉主钢筋处最大裂缝宽度达到 1.5mm；受压区混凝土压碎。

5. 裂缝的测量和记录

在测量裂缝时，最主要的是判断第一条裂缝的出现。可以采用的方式是，借助 5 倍放大镜和目测，并结合加载过程中力传感器表上读数上升的快慢、计算机上采集的混凝土应变是否达到受拉极限应变及挠度变化的快慢进行判断。一般来说，当加载速率不变时，裂缝出现时力传感器表上的读数上升较慢，采集的受拉区混凝土应变达到受拉极限应变，采集的跨中挠度值增加较快，这些都可以辅助判断首条裂缝的出现。

裂缝出现以后在试件上标记出裂缝的位置和出现时的荷载，并对其进行编号。用手持 DJCK-2 全自动裂缝测宽仪（图 2.41）测量裂缝宽度，把裂缝的位置、宽度、编号和荷载值描绘并记录在网格纸上。

（a）测宽仪　　　　　　　　　　　　（b）显示屏

图 2.41　DJCK-2 全自动裂缝测宽仪

试验过程中对开裂以后每级荷载下的裂缝宽度、裂缝高度、裂缝位置进行测量、描绘并记录。

2.6　混凝土力学性能试验

浇筑试件的同时，按照《混凝土物理力学性能试验方法标准》（GB/T 50081—2019）[13]的要求，分别制作了 6 个立方体混凝土试块和 6 个棱柱体混凝土试块。其中 3 个立方体试块用来测量混凝土的立方体抗压强度，如图 2.42 所示；另外 3 个立方体试块用来测量混凝土的劈拉强度，如图 2.43 所示；其中 3 个棱柱体试块用来测量混凝土的轴心抗压强度，如图 2.44 所示；另外 3 个棱柱体试块用来测量混凝土的弹性模量，如图 2.45 所示。

图 2.42　混凝土立方体抗压强度试验

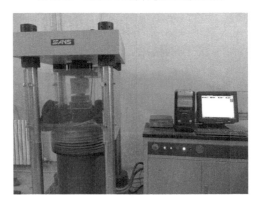

图 2.43　混凝土劈拉强度试验

图 2.44　混凝土轴心抗压强度试验

图 2.45　混凝土弹性模量试验

试件在进行受弯加载试验的同时，利用上海 SANS 生产的 300t 液压伺服万能试验机对混凝土试块的立方体抗压强度 f_{cu}、轴心抗压强度 f_c、劈拉强度 f_t 和弹性模量 E_s 进行试验，对 3 个试块取平均值，实测的混凝土力学性能指标见表 2.7。

表 2.7　混凝土力学性能指标　　　　　　　　　（单位：MPa）

试件编号	混凝土强度等级			弹性模量
	f_{cu}	f_c	f_t	E_s
W2-C-1-30-2	30.39	18.07	2.22	20758.5
W3-C-1-30-3	39.41	28.44	2.58	25406.2
W4-C-1-30-4	38.11	32.62	2.40	23023.6
W5-C-1-30-4	39.07	28.09	2.59	18809.2
W6-C-1-30-4	37.72	24.75	2.29	20526.7
W4-0-0-30-4	32.95	22.67	1.72	16073.9
W4-C-1-20-4	35.60	26.67	2.06	19490.8
W4-C-1-40-4	43.85	38.37	2.69	24078.7
W4-C-1-30-6	35.49	21.91	1.82	20898.2
W4-C-1-30-8	32.18	23.59	2.00	16495.0
W4-C-2-30-4	36.38	29.63	2.11	20325.7

参 考 文 献

[1] 中华人民共和国国家质量监督检验检疫总局，中国国家标准化管理委员会. 通用硅酸盐水泥：GB 175—2007[S]. 北京：中国标准出版社，2007.

[2] 中华人民共和国国家质量监督检验检疫总局，中国国家标准化管理委员会. 建设用卵石、碎石：GB/T 14685—2011[S]. 北京：中国标准出版社，2011.

[3] 中华人民共和国国家质量监督检验检疫总局，中国国家标准化管理委员会. 建设用砂：GB/T 14684—2011[S]. 北京：中国标准出版社，2011.

[4] 中华人民共和国建设部. 混凝土用水标准：JGJ 63—2006[S]. 北京：中国建筑工业出版社，2006.

[5] 中华人民共和国国家质量监督检验检疫总局，中国国家标准化管理委员会. 混凝土外加剂：GB 8076—2008[S]. 北京：中国标准出版社，2008.

[6] 中华人民共和国国家质量监督检验检疫总局，中国国家标准化管理委员会. 钢筋混凝土用钢　第 2 部分：热轧带肋钢筋：GB/T 1499.2—2018[S]. 北京：中国标准出版社，2008.

[7] 中华人民共和国国家质量监督检验检疫总局，中国国家标准化管理委员会. 金属材料　拉伸试验　第 1 部分：室温试验方法：GB/T 228.1—2010[S]. 北京：中国标准出版社，2010.

[8] 中华人民共和国住房和城乡建设部. 工程结构加固材料安全性鉴定技术规范：GB 50728—2011[S]. 北京：中国建筑工业出版社，2011.

[9] 中华人民共和国住房和城乡建设部. 混凝土结构加固设计规范：GB 50367—2013[S]. 北京：中国建筑工业出版社，2013.

[10] 中华人民共和国住房和城乡建设部. 普通混凝土配合比设计规程：JGJ 55—2011[S]. 北京：中国建筑工业出版社，2011.

[11] 中华人民共和国住房和城乡建设部. 混凝土结构试验方法标准：GB/T 50152—2012[S]. 北京：中国建筑工业出版社，2012.

[12] 中华人民共和国住房和城乡建设部，中华人民共和国国家质量监督检验检疫总局. 混凝土结构设计规范（2015 年版）：GB 50010—2010[S]. 北京：中国建筑工业出版社，2010.

[13] 中华人民共和国住房和城乡建设部，国家市场监督管理总局. 混凝土物理力学性能试验方法标准：GB/T 50081—2019[S]. 北京：中国建筑工业出版社，2019.

第 3 章 碳纤维布加固钢筋混凝土短梁受弯试验现象及结果分析

3.1 引 言

本章基于 11 根碳纤维布加固钢筋混凝土短梁受弯试验现象和数据，分析了碳纤维布加固钢筋混凝土短梁的破坏形态、混凝土应变、钢筋应变、碳纤维布应变、弯矩-平均曲率曲线、荷载-跨中挠度曲线、荷载-转角曲线及裂缝发展等的变化规律，为深入研究碳纤维布加固钢筋混凝土短梁的受弯承载力、抗弯刚度、跨中挠度和裂缝宽度计算奠定基础。

3.2 试件加载过程试验现象描述

本次试验过程共有 10 根碳纤维布加固钢筋混凝土梁和 1 根未加固梁，下面按照不同跨高比对 11 根梁的试验现象进行分类描述，主要包括加载过程中梁的开裂荷载、极限荷载、裂缝发展、裂缝宽度、跨中挠度、破坏形态等情况。

3.2.1 跨高比为 2 的加固梁的试验现象

为了方便描述试验现象，本章把跨高比为 2 的加固梁 W2-C-1-30-2 的加载过程分为以下几步：准备→预加载→正式加载→卸载。

正式加载描述顺序如下：第一条裂缝出现→裂缝稳定发展→钢筋屈服→构件破坏过程描述。

1. 准备

在加载试验之前需进行的准备工作如下。

（1）用尺子和记号笔在梁上标记出支座、加载点、跨中、倾角仪、应变片（或应变计）和位移计的位置。

（2）用砂轮打磨并清洁梁表面，用环氧树脂把混凝土应变片粘贴到梁表面。

（3）用环氧树脂把碳纤维布应变片粘贴到梁底面。

（4）在梁顶部用环氧树脂粘贴倾角仪的钢垫板，尽量使垫板水平。

（5）用吊车把构件安装到加载设备上，注意控制两个支座的距离，支座垫板上用水泥砂浆找平后再放置试件。

试件放置 12h 之后，粘在梁上的环氧树脂和水泥砂浆基本已经固化，第 2 天早上需要进行的工作如下。

（1）用 502 胶水或 A 胶、B 胶粘贴 π 型应变计。

（2）在梁两支座上方、跨中和加载点下方用"哥俩好" A 胶、B 胶粘贴玻璃片，在玻璃片上安装位移计。

（3）将钢筋、混凝土和碳纤维布的应变片和数据线一端连接。

（4）在梁顶部安放倾角仪。

（5）将位移计、应变片、应变计、倾角仪和力传感器数据线另一端与数据采集仪连接，将计算机和数据采集仪连接。

将安装好构件并连接好数据线的底座车推到加载设备正下方，分配梁对中就位后，便可以进行预加载了，如图 3.1 和图 3.2 所示。

图 3.1　安装就绪的 W2-C-1-30-2（北侧）

图 3.2　安装就绪的 W2-C-1-30-2（南侧）

2. 预加载

按照 2.4.2 节的加载制度控制预加载过程。

预加载到 50kN，持荷 5min，检查仪器设备是否正常运行，这个阶段易出现以下问题。

（1）持荷过程中掉荷载严重，原因可能是支座和加载点处钢垫板和梁之间的水泥砂浆未固化完全或者涂抹不均匀，反复预加载两次，基本可以解决该问题。

（2）位移计指针顶端与梁上玻璃片顶紧程度不合适，位移计反应不灵敏。

3. 正式加载

开裂之前，正式加荷等级按照 20kN 递增，按照规范加载速率为 0.2mm/min 均匀施加。每级荷载下，持荷后，查看梁底端混凝土应变计是否接近开裂应变值，并用肉眼观测梁表面是否有裂缝出现。当荷载达到 120kN 时，加荷等级按照 10kN 递增，每级荷载下，持荷后，查看梁底端混凝土应变值，并拿放大镜或裂缝观测仪仔细观察是否有裂缝出现，同时加载过程中看外接的荷载显示器上的荷载是否有掉荷载现象，如果掉荷载严重有可能第一条裂缝已经出现，立即停止加载，持荷后观察第一条裂缝。

当加载至 160kN 时，试件北侧纯弯段首先出现宽度为 0.06mm、高度为 150mm 的第一条裂缝，在梁上标记出裂缝位置、宽度和荷载，如图 3.3 所示；当荷载达到 180kN 时，试件南侧跨中位置出现了一条宽度为 0.06mm、高度为 60mm 的裂缝，此时，试件北侧的第一条裂缝高度又向上发展，达到 250mm。

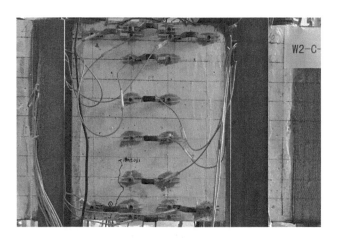

图 3.3　第一条裂缝（W2-C-1-30-2 北侧）

　　试件南、北两侧的第一条裂缝都出现以后，加荷等级按照 30kN 递增，当荷载达到 210kN 时，试件北侧的第一条裂缝又向上发展到 300mm 的高度，试件南侧的第一条裂缝向上发展到 260mm 的高度，南侧出现第二条裂缝，高度为 3mm，宽度为 0.02mm。

　　当荷载达到 270kN 时，弯剪区产生斜裂缝，并向加载点处蔓延；当荷载达到 300kN 时，试件北侧第一条裂缝宽度达到 0.3mm，高度为 400mm；当加载至 390kN 时，有碳纤维布脱黏响声，加载点下部抗弯碳纤维布脱黏，此时最大裂缝宽度为 1.0mm；当加载至 498kN 时，加载点下部抗弯碳纤维布突然断裂（图 3.4），荷载突然下降到 320kN，试件达到受力极限状态。

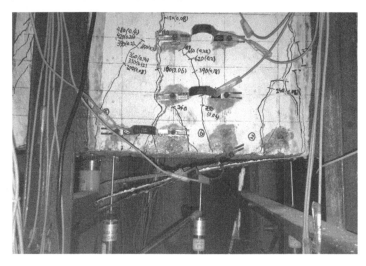

图 3.4　碳纤维布断裂（W2-C-1-30-2 北侧）

4. 卸载

卸载等级按照 60kN 递减，采集每个卸荷等级下的数据，保存整个试验过程的数据和照片。把底座车从加载设备处移走，将测量设备从试验梁上拆掉。将梁从底座上用吊车吊装出来，放到指定位置。

3.2.2　跨高比为 3 的加固梁的试验现象

跨高比为 3 的加固梁的编号为 W3-C-1-30-3，预加载之前的准备过程和卸荷过程基本同跨高比为 2 的加固梁，参考 3.2.1 节，本节主要介绍正式加载过程的现象。

在底座车上准备好的试件如图 3.5 所示。

图 3.5　底座车上的 W3-C-1-30-3（南侧）

将底座车推到加载设备上，安装就绪的加载梁，如图 3.6 和图 3.7 所示。

开裂之前，正式加荷等级按照 20kN 递增，按照规范加载速率为 0.2mm/min 均匀施加。每级荷载下，持荷后，查看梁底端混凝土应变计是否接近开裂应变值，并用肉眼观测梁表面是否有裂缝出现。当荷载到达 110kN 时，加荷等级按照 10kN 递增，每级荷载下，持荷后，查看梁底端混凝土应变值，并拿放大镜或裂缝观测仪仔细观察是否有裂缝，同时加载过程中看外接的荷载显示器上的荷载是否有掉荷载现象，如果掉荷载严重有可能第一条裂缝出现，立即停止加载，持荷后观察第一条裂缝。

图 3.6　安装就绪的 W3-C-1-30-3（北侧）

图 3.7　安装就绪的 W3-C-1-30-3（南侧）

当加载至 128kN 时，试件南侧纯弯段首先出现宽度为 0.08mm、高度为 250mm 的第一条裂缝，在梁上标记出裂缝位置、宽度和荷载，如图 3.8（a）所示，北侧跨中位置也出现了一条裂缝，宽度为 0.06mm，高度为 150mm，如图 3.8（b）所示。

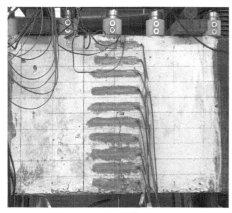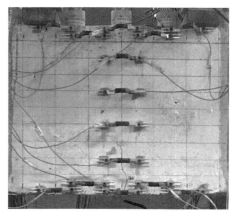

| （a）南侧 | （b）北侧 |

图 3.8　第一条裂缝（W3-C-1-30-3）

　　试件南、北两侧的第一条裂缝都出现以后，加荷等级按照 30kN 递增，当荷载达到 210kN 时，弯剪区产生斜裂缝，并向加载点处蔓延；当荷载达到 240kN 时，南侧第一条裂缝宽度达到 0.3mm，高度 340mm；当荷载达到 258kN 时，掉荷载严重，有碳纤维布脱黏连续响声，钢筋屈服；当荷载达到 300kN 时，加载点下部抗弯碳纤维布脱黏，此时最大裂缝宽度 1.0mm；当荷载达到 353kN 时，加载点下部抗弯碳纤维布突然断裂（图 3.9），荷载突然下降到 254kN，试件达到受力极限状态。

图 3.9　碳纤维布断裂（W3-C-1-30-3）

3.2.3　跨高比为 4 的梁的试验现象

　　跨高比为 4 的短梁有未加固梁和加固梁两类，分别对其试验现象进行描述。

1. 未加固梁

未加固梁的编号为 W4-0-0-30-4，预加载之前的准备过程中除了不用粘贴碳纤维布应变片外，其余基本同跨高比为 2 的加固梁，参考 3.2.1 节，本节主要介绍未加固梁正式加载过程的现象。

安装就绪的试件，如图 3.10 所示。

图 3.10　安装就绪的 W4-0-0-30-4（南侧）

开裂之前，正式加荷等级按照 10kN 递增，按照规范加载速率为 0.2mm/min 均匀施加。当荷载达到 20kN 时，加荷等级按照 5kN 递增，每级荷载下，持荷后，查看梁底端混凝土应变值，并拿放大镜或裂缝观测仪仔细观察是否有裂缝，同时加载过程中看外接的荷载显示器上的荷载是否有掉荷载现象，如果掉荷载严重，有可能第一条裂缝已经出现。

当加载至 66.5kN 时，试件北侧纯弯段首先出现宽度为 0.03mm、高度为 100mm 的第一条裂缝，在梁上标记出裂缝位置、宽度和荷载，如图 3.11（a）所示；当荷载达到 73kN 时，南侧跨中位置也出现了一条宽度为 0.03mm、高度为 60mm 的裂缝，如图 3.11（b）所示。

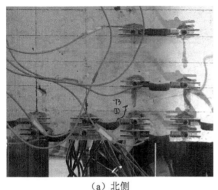

（a）北侧　　　　　　　　　　　　（b）南侧

图 3.11　第一条裂缝（W4-0-0-30-4）

当荷载达到 78kN 时，加载点处产生弯曲裂缝，并迅速上升到 300mm 高处；当荷载达到 110kN 时弯剪区产生斜裂缝，并向加载点处蔓延；当荷载达到 110~180kN 时，纯弯段裂缝条数趋于稳定，梁底出现小支缝，裂缝宽度不断增加，弯剪区裂缝发展较快，高度不断增加逐渐到达加载点处，但是裂缝宽度变化不大；当荷载达到 197kN 时，试件表现出钢筋屈服现象，荷载传感器表头示数出现下滑，荷载保持困难，纯弯段裂缝宽度增加迅速，构件变形较大；随着荷载的增加纯弯段受压区混凝土出现横向细裂缝，混凝土被压碎（图 3.12），试件达到受力极限状态。构件破坏时的极限荷载为 223kN，跨中最大挠度为 17.22mm，南侧主裂缝位于跨中宽度为 2.2mm，北侧主裂缝有两条宽度均为 2.1mm。

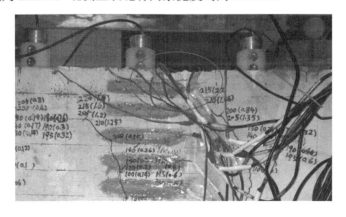

图 3.12　受压区压碎的混凝土（W4-0-0-30-4）

2. 加固梁

加载之前的准备过程和卸荷基本同跨高比为 2 的加固梁，参考 3.2.1 节，本节主要介绍 6 个跨高比为 4 的加固梁在正式加载过程中的现象。

图 3.13　安装就绪的试件（W4-C-1-30-4 南侧）

1）W4-C-1-30-4

将底座车推到加载设备上，安装就绪的试件，如图 3.13 所示。

开裂之前，正式加荷等级按照 10kN 递增，按照规范加载速率为 0.2mm/min 均匀施加。当荷载达到 70kN 时，加荷等级按照 5kN 递增，每级荷载下，持荷后，查看梁底端混凝土应变值，并拿放大镜或裂缝观测仪仔细观察是否有裂缝，同时加载过程中看外接的荷载显示器上的荷载是否有掉荷载现象，如果掉荷载严重，有可能第一条裂缝已经出现。

当加载至 100kN 时，试件北侧纯弯段首先出现宽度为 0.08mm、高度为 210mm 的第一条裂缝，在梁上标记出裂缝位置、宽度和荷载，如图 3.14（a）所示，南侧跨中位置也出现了一条裂缝，宽度为 0.07mm，高度为 160mm，如图 3.14（b）所示。

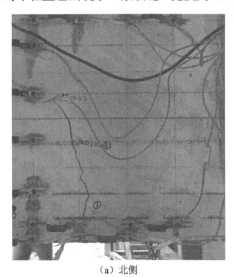

（a）北侧

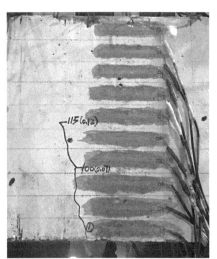

（b）南侧

图 3.14　第一条裂缝（W4-C-1-30-4）

南、北两侧的第一条裂缝都出现以后，加荷等级按照 15kN 递增，当荷载达到 190kN 时，弯剪区产生斜裂缝，并向加载点处蔓延；当荷载达到 220kN 时，南侧第一条裂缝宽度达到 0.3mm，高度为 400mm；当荷载达到 250kN 时，有碳纤维布脱黏连续响声；当荷载达到 270kN 时，加载点下部抗弯碳纤维布脱黏，此时最大裂缝宽度 1.5mm；当荷载达到 282kN 时，加载点下部抗弯碳纤维布突然断裂，发出"啪"的一声巨响，北侧梁底靠近环形锚固的碳纤维布被拉断（图 3.15），试件达到受力极限状态，南侧跨中主裂缝宽度为 2.00mm，北侧主裂缝宽度为 1.90mm，跨中最大挠度为 11.16mm。

图 3.15　局部拉断的纤维布（W4-C-1-30-4）

2）W4-C-1-20-4

开裂之前，正式加荷等级按照 10kN 递增，按照规范加载速率为 0.2mm/min 均匀施加。当荷载达到 70kN 时，加荷等级按照 5kN 递增，每级荷载下，持荷后，查看梁底端混凝土应变值，并拿放大镜或裂缝观测仪仔细观察是否有裂缝，同时加载过程中看外接的荷载显示器上的荷载是否有掉荷载现象，如果掉荷载严重，有可能第一条裂缝已经出现。

当加载至 83kN 时，试件北侧纯弯段首先出现宽度为 0.02mm、高度为 80mm 的第一条裂缝，南侧跨中位置也出现了一条裂缝，宽度为 0.03mm，高度为 80mm。当荷载达到 180kN 时，弯剪区开始出现斜裂缝；当荷载达到 205kN 时，最大裂缝宽度为 0.3mm；当荷载达到 225kN 时梁底发出"噼啪"的断裂声；当荷载达到 235kN 时南侧梁底碳纤维布出现轻微的剥离现象；当荷载达到 255kN 时，南、北两侧碳纤维布均有较严重的剥离，这期间裂缝数量基本稳定，裂缝宽度增加明显；当荷载达到 283kN 时，听到很大的"啪"的一声，梁底南、北边缘碳纤维布被拉断（图 3.16），试件达到受力极限状态，南侧主裂缝宽度达到 2.0mm，北侧主裂缝宽度达到 2.4mm，跨中挠度最大达到 12.50mm。

图 3.16　局部拉断的碳纤维布（W4-C-1-20-4）

3）W4-C-1-40-4

当加载至 115kN 时，南侧先出现裂缝，裂缝出现即迅速向上发展到 350mm 高，裂缝宽度为 0.08mm，如图 3.17（a）所示；北侧跨中对应位置也出现首条裂缝，宽度为 0.03mm，高度为 150mm，如图 3.17（b）所示。

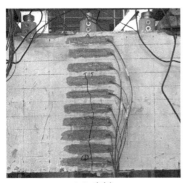 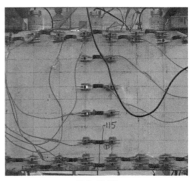

（a）南侧　　　　　　　　　　　　　　（b）北侧

图 3.17　第一条裂缝（W4-C-1-40-4）

当荷载达到 170kN 时，最大裂缝宽度为 0.3mm；当荷载达到 190kN 时，南、北弯剪区开始出现斜裂缝，两侧共出现 19 条裂缝，基本呈对称状，主要集中在加载点和跨中部位，裂缝间距较大；当荷载达到 220kN 时，最大裂缝宽度为 0.3mm，梁底发出"噼啪"的断裂声，在这期间裂缝数量基本不再增加，裂缝宽度有所增加；当加载至 291kN 时，"啪"的一声巨响，梁底南侧边缘碳纤维布被拉断（图 3.18），荷载迅速掉落，试件达到受力极限状态。

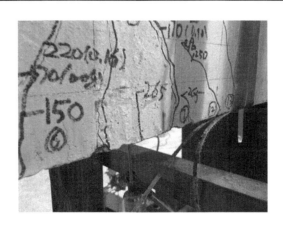

图 3.18　局部拉断的碳纤维布（W4-C-1-40-4）

　　构件破坏时裂缝分布基本上呈树根状，主裂缝均位于跨中部位，南侧主裂缝宽度为 3.00mm，北侧主裂缝宽度为 2.20mm，跨中最大挠度为 11.27mm。

　　4）W4-C-2-30-4

　　开裂之前，正式加荷等级按照 10kN 递增，按照规范加载速率为 0.2mm/min 均匀施加。当荷载达到 80kN 时，加荷等级按照 5kN 递增，每级荷载下，持荷后，查看梁底端混凝土应变值，并拿放大镜或裂缝观测仪仔细观察是否有裂缝，同时加载过程中看外接的荷载显示器上的荷载是否有掉荷载现象，如果掉荷载严重，有可能第一条裂缝已经出现。

　　当加载至 98kN 时，试件北侧纯弯段首先出现宽度为 0.04mm、高度为 250mm 的第一条裂缝，在梁上标记出裂缝位置、宽度和荷载，南侧跨中位置也出现了一条裂缝，宽度为 0.02mm，高度为 200mm。

　　南、北两侧的第一条裂缝都出现以后，加荷等级按照 10kN 递增，当荷载达到 190kN 时弯剪区产生斜裂缝，并向加载点处蔓延；当荷载达到 250kN 时，北侧第一条裂缝宽度达到 0.3mm，为高度为 400mm；当荷载达到 270kN 时，有碳纤维布脱黏连续响声；355kN 时，加载点下部抗弯碳纤维布突然断裂，发出"啪"的巨大声响，北侧梁底靠近环形锚固的碳纤维布被拉断［图 3.19（a）］，同时上部受压区的混凝土出现横裂缝被压碎［图 3.19（b）］，试件达到受力极限状态，北侧跨中主裂缝宽度为 2.00mm，南侧主裂缝宽度为 1.60mm。

　　5）W4-C-1-30-6

　　开裂之前，正式加荷等级按照 10kN 递增，按照规范加载速率为 0.2mm/min 均匀施加。当荷载达到 60kN 时，加荷等级按照 5kN 递增，每级荷载下，持荷后，查看梁底端混凝土应变值，并拿放大镜或裂缝观测仪仔细观察是否有裂缝，同时加载过程中看外接的荷载显示器上的荷载是否有掉荷载现象，如果掉荷载严重，有可能第一条裂缝已经出现。

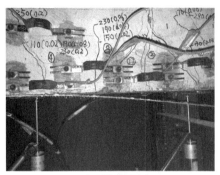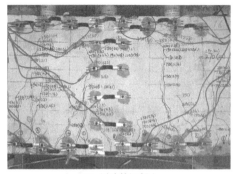

（a）拉断的碳纤维布　　　　　　　　（b）压碎的混凝土

图 3.19　W4-C-2-30-4 破坏情况

当加载至 82.5kN 时，北侧跨中位置出现第一条裂缝，裂缝宽 0.03mm，高 140mm，如图 3.20（a）所示；南侧靠近加载点位置出现第一条裂缝，裂缝宽 0.02mm，高 170mm，如图 3.20（b）所示。

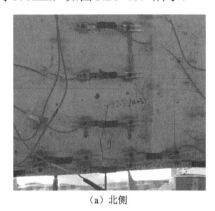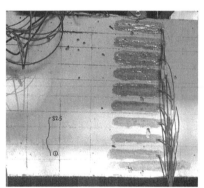

（a）北侧　　　　　　　　　　　　（b）南侧

图 3.20　第一条裂缝（W4-C-1-30-6）

当荷载达到 155kN 时，两侧共出现 14 条裂缝，裂缝位置基本处于对称状态，弯剪区出现斜裂缝；当荷载达到 245～270kN，跨中纯弯段靠近梁底部位出现横向小裂缝，在此期间裂缝数目基本不再增加；当荷载达到 275kN 时，梁底发出"噼啪"断裂声；当荷载达到 325kN 时，梁底胶体的断裂声变大，同时出现碳纤维布轻微剥离的现象 [图 3.21（a）]；当荷载达到 340kN 时，梁底碳纤维布出现严重的剥离；当荷载达到 358kN 时，梁顶受压区混凝土出现横向裂缝，混凝土被压碎 [图 3.21（b）]，荷载开始掉落，试件达到极限受力状态，此时北侧主裂缝宽度达到 3.00mm，南侧主裂缝宽度达到 2.4mm，基本上贯通至梁顶，跨中最大挠度为 10.93mm。

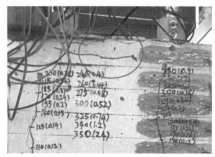

（a）剥离的碳纤维布　　　　　　　　　　（b）压碎的混凝土

图 3.21　极限受力状态（W4-C-1-30-6）

6）W4-C-1-30-8

开裂之前，正式加荷等级按照 20kN 递增，按照规范加载速率为 0.2mm/min 均匀施加。当荷载达到 80kN 时，加荷等级按照 10kN 递增，每级荷载下，持荷后，查看梁底端混凝土应变值，并拿放大镜或裂缝观测仪仔细观察是否有裂缝，同时加载过程中看外接的荷载显示器上的荷载是否有掉荷载现象，如果掉荷载严重，有可能第一条裂缝已经出现。

当加载至 92kN 时，两侧均出现第一条裂缝，裂缝宽度均为 0.03mm；当荷载达到 140kN 时，弯剪区出现斜裂缝，但是裂缝发展缓慢；当荷载达到 190kN 时，跨中纯弯段出现较多支缝，此时纯弯段裂缝数量基本稳定不再增加，高度和宽度继续发展；当荷载达到 325kN 时，梁底传来粘贴胶的断裂声，受拉钢筋明显屈服，荷载掉落明显，裂缝跨度发展迅速；当荷载达到 360kN 时，南、北两侧梁底碳纤维布均有轻微的剥离，如图 3.22（a）所示；当荷载达到 371kN 时，梁顶受压区出现大量的横向裂缝，混凝土被压碎［图 3.22（b）］，试件表现出受力极限状态，北侧主裂缝宽度为 2.00mm，南侧主裂缝宽度为 1.8mm，跨中最大挠度为 9.71mm。

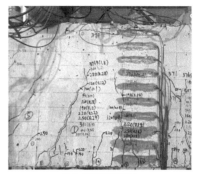

（a）剥离的碳纤维布　　　　　　　　　　（b）压碎的混凝土

图 3.22　极限受力状态（W4-C-1-30-8）

3.2.4　跨高比为5的加固梁的试验现象

跨高比为 5 的加固梁的编号为 W5-C-1-30-4，预加载之前的准备过程和卸荷基本同跨高比为 2 的加固梁，参考 3.2.1 节，本节主要介绍正式加载过程的现象。

将底座车推到加载设备上，安装就绪的试件，如图 3.23 所示。

图 3.23　安装就绪的 W5-C-1-30-4（北侧）

开裂之前，正式加荷等级按照 10kN 递增，按照规范加载速率为 0.2mm/min 均匀施加。每级荷载下，持荷后，查看梁底端混凝土应变计是否接近开裂应变值，并用肉眼观测梁表面是否有裂缝出现。当荷载达到 50kN 时，加荷等级按照 5kN 递增，每级荷载下，持荷后，查看梁底端混凝土应变值，并拿放大镜或裂缝观测仪仔细观察是否有裂缝，同时加载过程中看外接的荷载显示器上的荷载是否有掉荷载现象，如果掉荷载严重，有可能第一条裂缝已经出现，立即停止加载，持荷后观察第一条裂缝。

当加载至 65kN 时，试件南侧纯弯段首先出现宽度为 0.08mm、高度为 80mm 的第一条裂缝，北侧跨中位置也出现了一条裂缝，宽度为 0.06mm，高度为 70mm；南、北两侧的第一条裂缝都出现以后，加荷等级按照 15kN 递增，当荷载达到 105kN 时，弯剪区产生斜裂缝，并向加载点处蔓延；当荷载达到 160kN 时，南侧第一条裂缝宽度达到 0.3mm，高度 360mm；当荷载达到 170kN 时，有碳纤维布脱黏响声；当荷载达到 200kN 时，加载点下部抗弯碳纤维布脱黏，此时钢筋处最大裂缝宽度为 1.2mm；当荷载达到 227kN 时，加载点下部抗弯碳纤维布突然局部断裂，如图 3.24 所示，混凝土没压碎，试件达到受力极限状态。

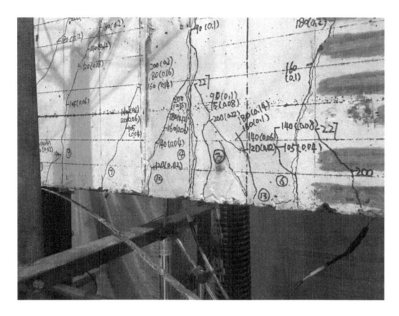

图 3.24　碳纤维布局部断裂（W5-C-1-30-4）

3.2.5　跨高比为 6 的加固梁的试验现象

跨高比为 6 的加固梁的编号为 W6-C-1-30-4，预加载之前的准备过程和卸荷基本同跨高比为 2 的加固梁，参考 3.2.1 节，本节主要介绍正式加载过程的现象。

在底座车上准备好的试件如图 3.25 所示。

图 3.25　底座车上的 W6-C-1-30-4（南侧）试件

将底座车推到加载设备上，安装就绪的试件如图 3.26 和图 3.27 所示。

图 3.26　安装就绪的 W6-C-1-30-4（北侧）

图 3.27　安装就绪的 W6-C-1-30-4（南侧）

开裂之前，正式加荷等级按照 10kN 递增，按照规范加载速率为 0.2mm/min 均匀施加。每级荷载下，持荷后，查看梁底端混凝土应变计是否接近开裂应变值，并用肉眼观测梁表面是否有裂缝出现。当荷载达到 30kN 时，加荷等级按照 5kN 递增，每级荷载下，持荷后，查看梁底端混凝土应变值，并拿放大镜或裂缝观测仪仔细观察是否有裂缝，同时加载过程中看外接的荷载显示器上的荷载是否有掉荷载现象，如果掉荷载严重有可能第一条裂缝已经出现，立即停止加载，持荷后观察第一条裂缝。

当加载至 61kN 时，试件北侧纯弯段首先出现宽度为 0.08mm、高度为 160mm 的第一条裂缝，在梁上标记出裂缝位置、宽度和荷载，如图 3.28（a）所示；南侧跨中位置也出现了一条裂缝，宽度为 0.06mm，高度为 160mm，如图 3.28（b）所示。

南、北两侧的第一条裂缝都出现以后，加荷等级按照 15kN 递增，当荷载达到 85kN 时，弯剪区开始产生斜裂缝；当荷载达到 115kN 时，北侧第一条裂缝宽度达到 0.3mm，高度为 400mm；当荷载达到 115kN 时，有碳纤维布脱黏响声；当荷载达到 160kN 时，碳纤维布脱黏（图 3.29），试件钢筋处最大裂缝宽度为 1.0mm；当荷载达到 187kN 时，加载点下部抗弯碳纤维布突然局部断裂，如图 3.30 所示，试件达到受力极限状态。

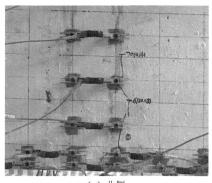
（a）北侧

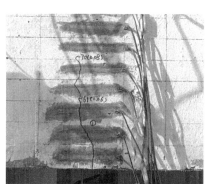
（b）南侧

图 3.28　第一条裂缝（W6-C-1-30-4）

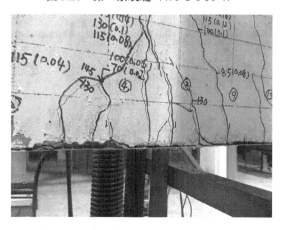

图 3.29　碳纤维布脱黏（W6-C-1-30-4）

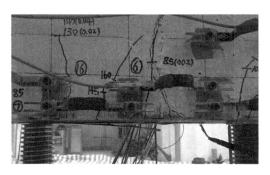

图 3.30　碳纤维布局部断裂（W6-C-1-30-4）

3.3　试件破坏形态及分析

试验过程中，未加固试件 W4-0-0-30-4 具有典型的适筋梁破坏特征，即随着荷载的增加，纵筋首先屈服，经过较大变形后，受压区混凝土压碎，达到极限荷载后试件破坏，属于延性破坏，试件破坏的照片如图 3.31（a）和（b）所示。

混凝土应变片和 π 型应变计的遮挡，使破坏照片中梁纯弯段的破坏情况不清楚，根据北侧破坏照片按相应比例绘制的破坏示意图如图 3.31（c）所示。

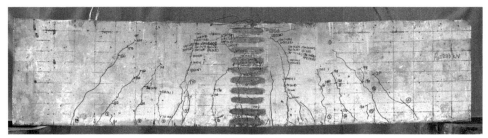

（a）南侧破坏照片

（b）北侧破坏照片

图 3.31　适筋梁破坏模式（试件 W4-0-0-30-4）

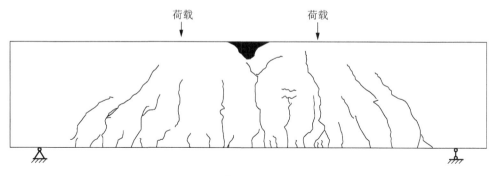

（c）北侧破坏示意图

图 3.31（续）

相关文献的试验研究表明，粘贴碳纤维布受弯加固钢筋混凝土浅梁的典型破坏有 5 种模式：①碳纤维布拉断引起的弯曲破坏；②混凝土压碎引起的弯曲破坏；③剪切破坏；④碳纤维布端部剥离破坏，包括端部混凝土保护层剥离破坏和端部界面剥离破坏；⑤碳纤维布中部裂缝引起的界面剥离破坏，包括中部弯曲裂缝引起的界面剥离破坏和中部弯剪裂缝引起的界面剥离破坏。

与碳纤维布受弯加固钢筋混凝土浅梁相比，10 根碳纤维布加固钢筋混凝土短梁的破坏形态，具有以下主要破坏特征。

（1）均是弯曲破坏，均未出现剪切破坏和碳纤维布端部剥离破坏。这跟本章的设计目的相符合，本章试验就是要测试构件发生弯曲破坏的，采用环形封闭箍锚固的目的就是防止碳纤维布发生端部剥离破坏。

（2）均是钢筋先屈服。

（3）纵筋屈服后，均出现混凝土和粘贴胶脱黏引起的声响，随后声音变得密集且较大，这是由于混凝土和粘贴胶脱黏产生的界面剥离，出现在三分加载点下部附近区域，破坏时梁均出现不同程度的因跨中裂缝而引起的混凝土-粘贴胶界面剥离。

（4）弯曲破坏模式分为两大类：一类是碳纤维布先被拉断的弯曲破坏；另一类是上部受压区混凝土先被压碎的弯曲破坏。两种破坏模式均有跨中裂缝引起的界面剥离，因此，将碳纤维布先被拉断的破坏称为碳纤维布拉断+剥离破坏，混凝土先被压碎的破坏称为混凝土压碎+剥离破坏。两类破坏的分界称为界限破坏，即碳纤维布拉断的同时混凝土被压碎，称为界限+剥离破坏。

（5）在碳纤维布先被拉断的弯曲破坏中，除了跨高比为 2 和 3 的试件的碳纤维布全部被拉断外，其余试件的碳纤维布均在宽度边缘部分被拉断。

各试件的主要试验结果见表 3.1。

表 3.1　试件主要试验结果

试件编号	P_{cr}/kN	M_{cr}/(kN·m)	P_y/kN	M_y/(kN·m)	P_u/kN	M_u/(kN·m)	破坏模式
W2-C-1-30-2	160.0	26.67	249.0	41.51	498.0	83.00	布拉断+剥离
W3-C-1-30-3	108.0	27.00	209.6	52.41	353.0	88.25	布拉断+剥离
W4-C-1-30-4	100.0	33.33	188.9	62.95	282.0	94.00	布拉断+剥离
W5-C-1-30-4	65.0	32.50	142.9	59.53	227.0	94.55	布拉断+剥离
W6-C-1-30-4	61.0	30.50	126.4	63.22	187.0	93.50	布拉断+剥离
W4-0-0-30-4	66.5	22.17	153.0	50.99	223.0	74.33	适筋梁破坏
W4-C-1-20-4	83.0	27.67	154.4	51.47	283.0	94.33	布拉断+剥离
W4-C-1-40-4	115.0	38.33	170.5	56.82	303.0	101.00	布拉断+剥离
W4-C-1-30-6	82.5	27.50	294.8	98.26	358.9	119.63	混凝土压碎+剥离
W4-C-1-30-8	92.0	30.67	325.0	108.33	371.4	123.80	混凝土压碎+剥离
W4-C-2-30-4	98.0	32.67	190.3	63.42	355.0	118.33	界限+剥离

注：表中 P_{cr}、P_y、P_u 分别为开裂荷载、屈服荷载和极限荷载；M_{cr}、M_y、M_u 分别为开裂弯矩、屈服弯矩和极限弯矩。

3.3.1　碳纤维布拉断+剥离破坏

对于碳纤维布拉断+剥离破坏的试件，其破坏过程和特点主要如下。

（1）加载至开裂荷载时，跨中附近出现裂缝，裂缝高度为 100～200mm，宽度为 0.03mm 左右。

（2）随着荷载的增加，类似于树干的主裂缝在跨中两侧纯弯段对称出现，其发展高度有趋于一致的特点，主裂缝高度发展的同时，其底部类似于树根的次裂缝也对称而等间距地出现并向主裂缝方向发展，主裂缝初期的发展速度较快，当其高度发展到梁高的 2/3 时，发展速度缓慢，斜裂缝出现并快速发展。

（3）达到屈服荷载时，纵向钢筋屈服，受拉区变形增大，碳纤维布开始发挥较大作用，同时会伴有"啪啪"的声响，并且越来越密集，声响越来越大，在三分加载点下部附近区域出现混凝土-粘贴胶界面剥离，在此期间，裂缝的数量基本稳定，其宽度明显增加。

（4）继续加载，梁发出很大的"啪"的声响，跨高比小于 4 的试件碳纤维布全部断裂，其余梁在梁底宽度边缘的碳纤维布均被局部拉断，此时裂缝宽度达到 2.0mm 以上，受压区混凝土未压碎。

这种破坏模式发生在配筋率较小（小于等于 0.4%）且为单层碳纤维布加固的 7 个构件中，这种破坏模式相对于混凝土压碎+剥离破坏和界限+剥离破坏，属于延性较好的破坏模式。

7 个试件的碳纤维布拉断情况和纯弯段裂缝发展情况如图 3.32（a）～（n）

所示。为了较好地表示碳纤维布拉断破坏的特征，绘制出了试件 W4-C-1-20-4 的破坏示意图，如图 3.32（o）所示。

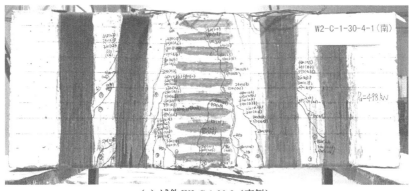

（a）试件 W2-C-1-30-2（南侧）

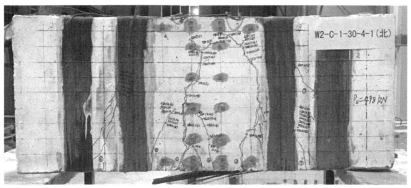

（b）试件 W2-C-1-30-2（北侧）

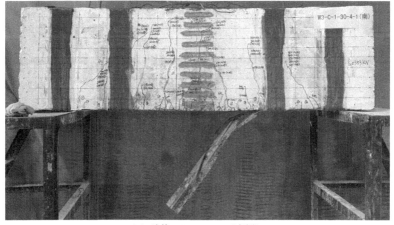

（c）试件 W3-C-1-30-3（南侧）

图 3.32   碳纤维布拉断+剥离破坏模式

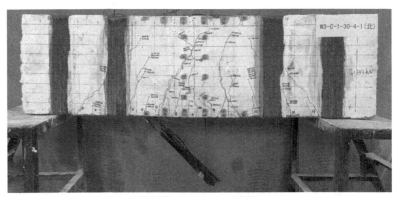

（d）试件 W3-C-1-30-3（北侧）

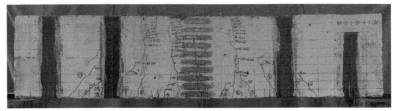

（e）试件 W4-C-1-30-4（南侧）

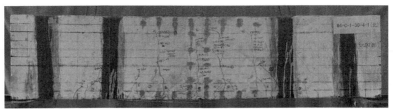

（f）试件 W4-C-1-30-4（北侧）

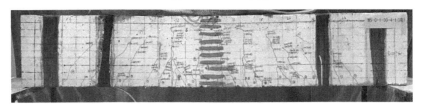

（g）试件 W5-C-1-30-4（南侧）

（h）试件 W5-C-1-30-4（北侧）

图 3.32（续）

（i）试件 W6-C-1-30-4（南侧）

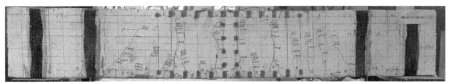

（j）试件 W6-C-1-30-4（北侧）

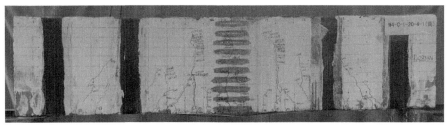

（k）试件 W4-C-1-20-4（南侧）

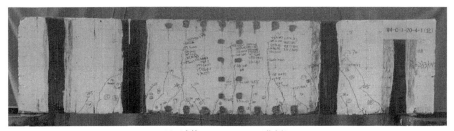

（l）试件 W4-C-1-20-4（北侧）

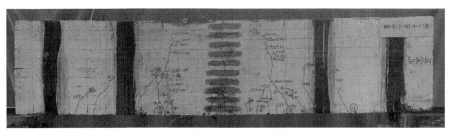

（m）试件 W4-C-1-40-4（南侧）

图 3.32（续）

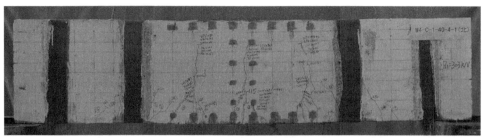

（n）试件 W4-C-1-40-4（北侧）

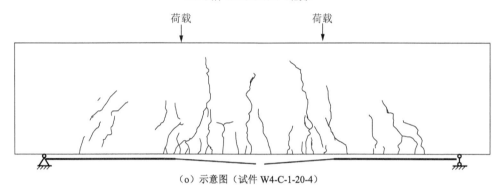

（o）示意图（试件 W4-C-1-20-4）

图 3.32（续）

3.3.2　混凝土压碎+剥离破坏

对于混凝土压碎+剥离破坏模式的试件，其破坏过程与碳纤维布拉断+剥离破坏模式在钢筋屈服前基本相同。

钢筋屈服后，随荷载的继续增加，跨中裂缝引起的混凝土-粘贴胶界面剥离发展区域增大，即剥离破坏逐步发展，直到受压区混凝土出现横向裂缝并被压碎，也未出现碳纤维布被拉断，如图 3.33（a）～（d）所示。为了较好地表现出该种破坏的特征，绘制了试件 W4-C-1-30-8 一侧的破坏示意图，如图 3.33（e）所示。

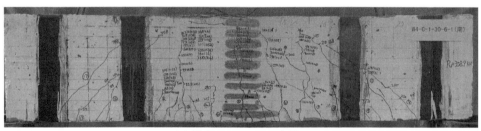

（a）试件 W4-C-1-30-6（南侧）

图 3.33　混凝土压碎+剥离破坏示意图

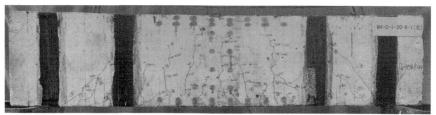

（b）试件 W4-C-1-30-6（北侧）

（c）试件 W4-C-1-30-8（南侧）

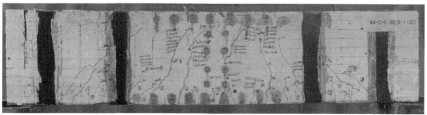

（d）试件 W4-C-1-30-8（北侧）

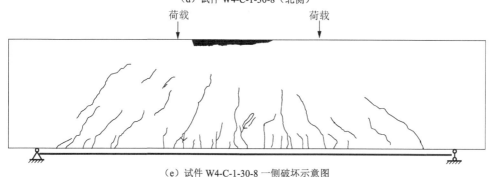

（e）试件 W4-C-1-30-8 一侧破坏示意图

图 3.33（续）

　　混凝土压碎+剥离破坏模式发生在两个配筋率较大（大于 0.4%）的加固构件中，这种破坏相对于其他两种破坏模式，属于延性较差的破坏，在加固设计中尽量避免。

3.3.3　界限+剥离破坏

　　界限+剥离破坏模式与碳纤维布拉断+界面剥离破坏模式在纵筋屈服前基本

相同。

纵筋屈服后，随荷载的继续增加，梁发出很大的声响，梁底宽度边缘的碳纤维布被局部拉断，同时受压混凝土被压碎，梁达到极限状态，如图 3.34 所示。

（a）试件 W4-C-2-30-4（南侧）

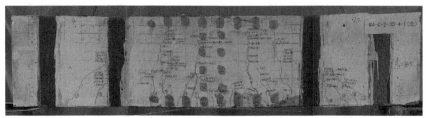

（b）试件 W4-C-2-30-4（北侧）

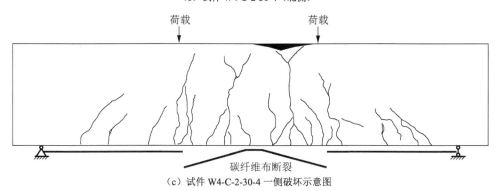

（c）试件 W4-C-2-30-4 一侧破坏示意图

图 3.34　界限+剥离破坏

界限+剥离破坏模式仅发生在配筋率为 0.4%且为双层碳纤维布加固的试件中，具有界限破坏的特征，其延性介于前两者破坏模式中间。

3.4　应　变　分　析

3.4.1　混凝土应变分析

对于普通钢筋混凝土深梁，1987 年深梁专题组在建筑结构学报发表的有关钢筋混凝土深梁试验研究证实深梁的工作性能与一般梁不同，深梁内力是平面应力问题，其截面应变不符合平截面假定，因而深梁在外荷载作用下的受力模型及破坏形态与一般梁有很大的差异，截面变形呈曲线变化，且呈双中和轴或多中和轴特征。浅梁截面变形符合平截面假定。试验研究钢筋混凝土短梁截面变形介于深梁和浅梁之间，跨高比为 2 和 3 的短梁截面变形与深梁较一致，跨高比为 4 及以上的与浅梁较一致。

　　试验过程中，在试件的一侧跨中位置沿构件高度均匀布置 10 个混凝土应变片用来测定同一截面的混凝土应变，考虑到构件出现裂缝之后混凝土应变片将会破坏，在构件的另一侧跨中沿高度均匀布置 6 个 π 型应变计，结合两者的测量结果，用来验证碳纤维布加固钢筋混凝土短梁截面变形是否符合平截面假定，各试件混凝土应变如图 3.35～图 3.45 所示，从图 3.35～图 3.45 中可以总结出如下结论。

　　（1）开裂前，构件处于弹性阶段，垂直截面的应变呈线性分布，与弹性力学的平截面假定应变变化相符。

　　（2）开裂后，跨高比为 2 和 3 的试件的截面应变与其余试件差别较大，跨高比为 2 的试件受拉区又出现一个中和轴，呈双中和轴的特征，跨高比为 3 的试件虽然受拉区没有出现中和轴，但接近双中和轴的特征，二者均不太符合平截面假定。其余试件双中和轴特征不明显，其截面应变受裂缝是否穿过应变片的中间影响，虽然不是完全呈线性分布，但平均应变大体接近线性分布，较符合平截面假定。

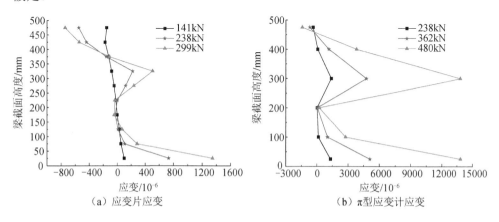

（a）应变片应变　　　　　　　（b）π 型应变计应变

图 3.35　试件 W2-C-1-30-2

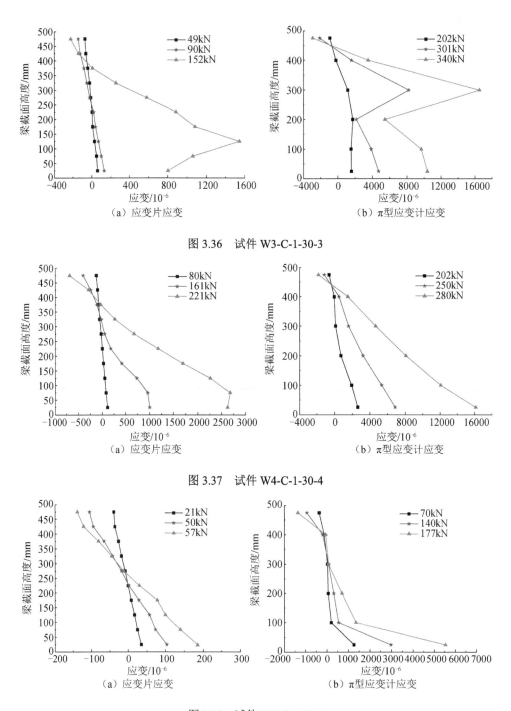

图 3.36　试件 W3-C-1-30-3

图 3.37　试件 W4-C-1-30-4

图 3.38　试件 W5-C-1-30-4

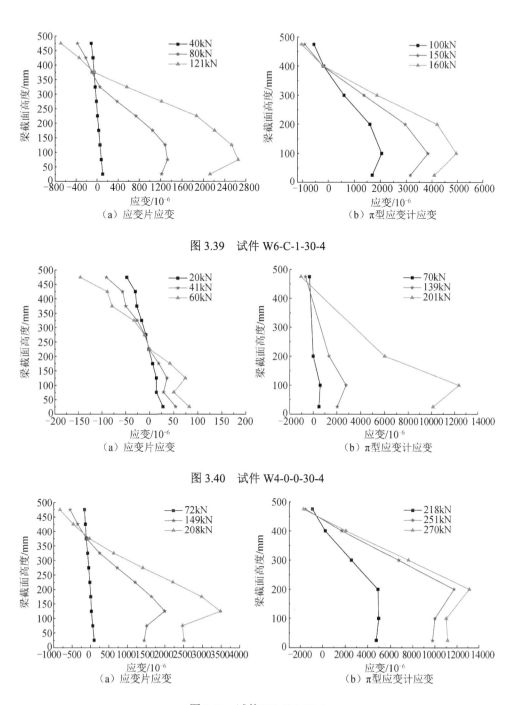

（a）应变片应变　　　　　　　（b）π型应变计应变

图 3.39　试件 W6-C-1-30-4

（a）应变片应变　　　　　　　（b）π型应变计应变

图 3.40　试件 W4-0-0-30-4

（a）应变片应变　　　　　　　（b）π型应变计应变

图 3.41　试件 W4-C-1-20-4

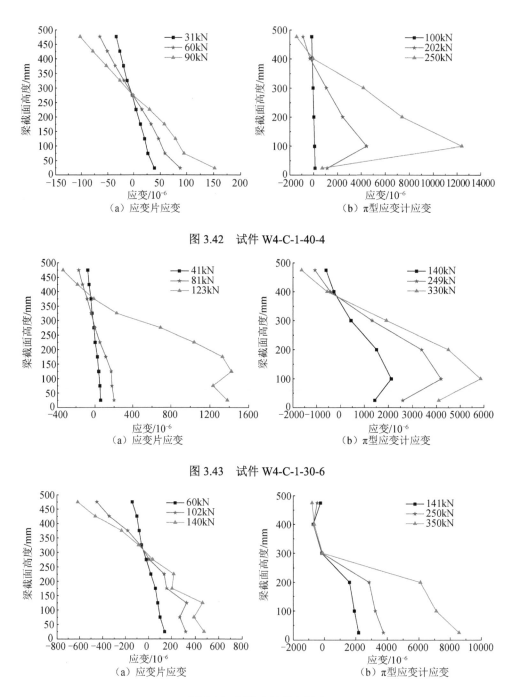

图 3.42　试件 W4-C-1-40-4

图 3.43　试件 W4-C-1-30-6

图 3.44　试件 W4-C-1-30-8

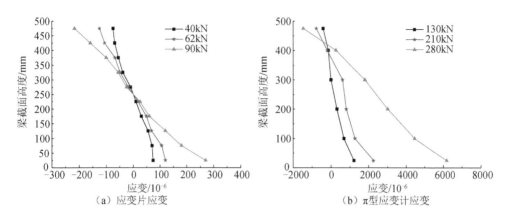

图 3.45　试件 W4-C-2-30-4

综上，碳纤维布加固钢筋混凝土短梁的截面变形与未加固短梁的截面变形的变化特征基本相同。

3.4.2　钢筋和碳纤维布应变分析

从纯弯段受拉钢筋应变片中挑出一个应变片的应变作为钢筋的应变，从纯弯段碳纤维布应变片中挑出一个应变片的应变作为碳纤维布的应变，各试件受拉钢筋和碳纤维布的荷载-应变曲线如图 3.46～图 3.56 所示，从图 3.46～图 3.56 中可以看出所有图形呈三段式特征。

第一段为混凝土开裂前，构件基本上处于弹性状态，拉应力主要由混凝土、钢筋和碳纤维布共同承担，钢筋和碳纤维布的应变呈线性增长。

第二段为混凝土开裂到钢筋屈服，混凝土开裂后图形出现第一个拐点，原来由混凝土承受的拉应力转移到钢筋和碳纤维布上，使其应力应变突然增加，钢筋应变值突然变大也是判断试件开裂的一种方法，随着荷载的增加，碳纤维布粘贴时存在的初始褶皱逐步抻开，碳纤维布的高强加固性能开始发挥。

第三段为钢筋屈服后，钢筋屈服时出现第二个拐点，钢筋屈服之后，钢筋进入流幅或塑性变形状态，外荷载增加，但是钢筋的应力增加不明显，应变增加明显，增加的荷载大部分由碳纤维布承担，碳纤维布的作用在此阶段最大。

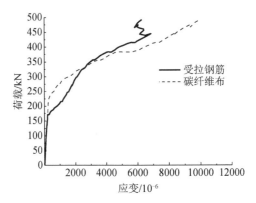

图 3.46　试件 W2-C-1-30-2

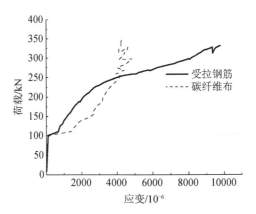

图 3.47　试件 W3-C-1-30-3

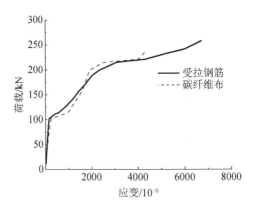

图 3.48　试件 W4-C-1-30-4

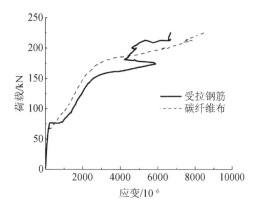

图 3.49　试件 W5-C-1-30-4

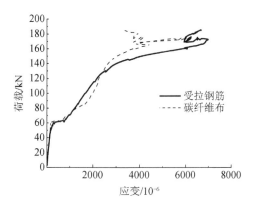

图 3.50　试件 W6-C-1-30-4

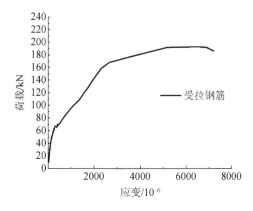

图 3.51　试件 W4-0-0-30-4

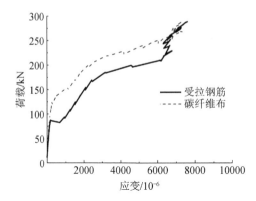

图 3.52　试件 W4-C-1-20-4

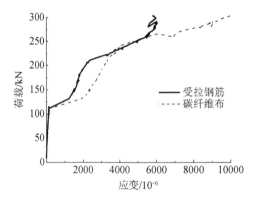

图 3.53　试件 W4-C-1-40-4

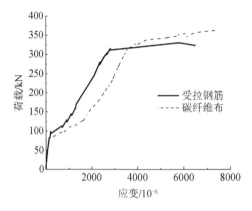

图 3.54　试件 W4-C-1-30-6

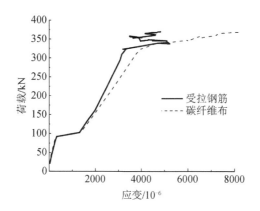

图 3.55　试件 W4-C-1-30-8

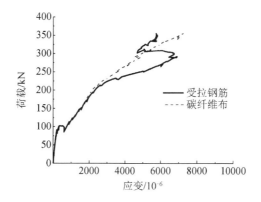

图 3.56　试件 W4-C-2-30-4

3.5　弯矩-平均曲率、荷载-跨中挠度和荷载-转角曲线分析

3.5.1　弯矩-平均曲率曲线

确定钢筋混凝土构件截面刚度随弯矩变化规律的最简单、直接的方法是进行试验，测量其弯矩-平均曲率（弯矩-刚度）曲线。根据第 2 章在试件纯弯段内布置的 π 型应变计，测量截面上部混凝土平均压应变 $\bar{\varepsilon}_c$ 和下部混凝土平均拉应变 $\bar{\varepsilon}_t$，可方便计算截面的平均曲率 ϕ，即

$$\phi = 1/\rho = (\bar{\varepsilon}_c + \bar{\varepsilon}_t)/h_0 \tag{3.1}$$

式中：ρ 为平均曲率半径；h_0 为截面有效高度。

试验测量的各构件的弯矩-平均曲率曲线如图 3.57～图 3.67 的（a）图所示。可见，平均曲率的变化反映了三阶段的受力特点，平均曲率的增长过程有两个转折点：试件开裂后（$M \geqslant M_{cr}$），曲线出现明显转折，斜率迅速减小；临近钢筋屈服时，平均曲率加速增长，曲线的斜率再次迅速减小，出现第二次转折。

根据材料力学理论，线弹性材料构件截面平均曲率与弯矩的关系为

$$\phi = 1/\rho = M/(EI) = M/B \qquad (3.2)$$

式中：$B = EI$ 为截面的弹性弯曲刚度；E 为材料的弹性模量；I 为截面惯性矩。

碳纤维布加固钢筋混凝土梁的弯矩-平均曲率曲线是非线性关系，可根据 M-$1/\rho$ 曲线分别计算割线平均弯曲刚度 B_s 和切线平均弯曲刚度 B_t：

$$\begin{cases} B_s = \dfrac{M}{1/\rho} \\[2mm] B_t = \dfrac{\mathrm{d}M}{\mathrm{d}(1/\rho)} \end{cases} \qquad (3.3)$$

割线平均弯曲刚度用于全量分析，切线平均弯曲刚度用于增量分析。静力加载时一般做全量分析，需要用割线平均弯曲刚度。本试验是单调静力加载，后面章节推导的计算方法是全量分析，所以使用割线平均弯曲刚度 B_s 作为碳纤维布加固钢筋混凝土梁的抗弯刚度，各构件的弯矩-抗弯刚度曲线如图 3.57～图 3.67 的（b）图所示。各试件的弯矩-抗弯刚度曲线也分为三个阶段。

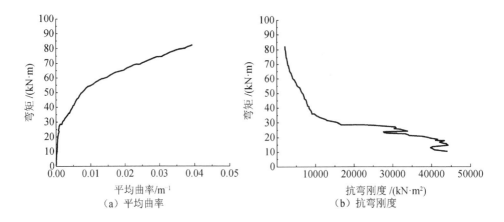

（a）平均曲率　　　　　　　　（b）抗弯刚度

图 3.57　试件 W2-C-1-30-2

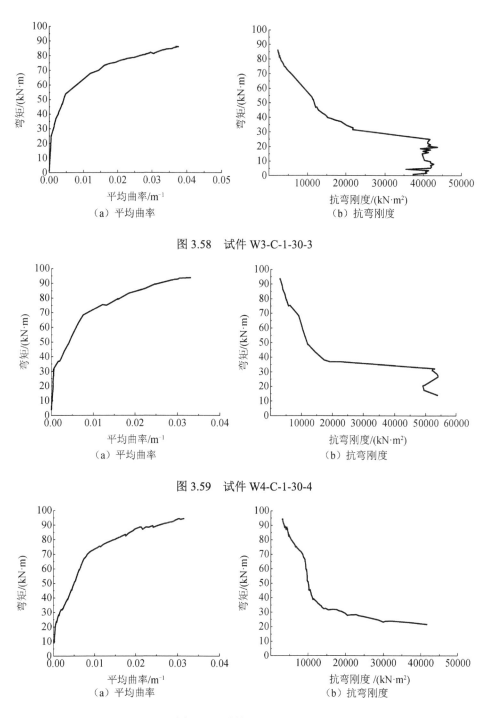

（a）平均曲率

（b）抗弯刚度

图 3.58　试件 W3-C-1-30-3

（a）平均曲率

（b）抗弯刚度

图 3.59　试件 W4-C-1-30-4

（a）平均曲率

（b）抗弯刚度

图 3.60　试件 W5-C-1-30-4

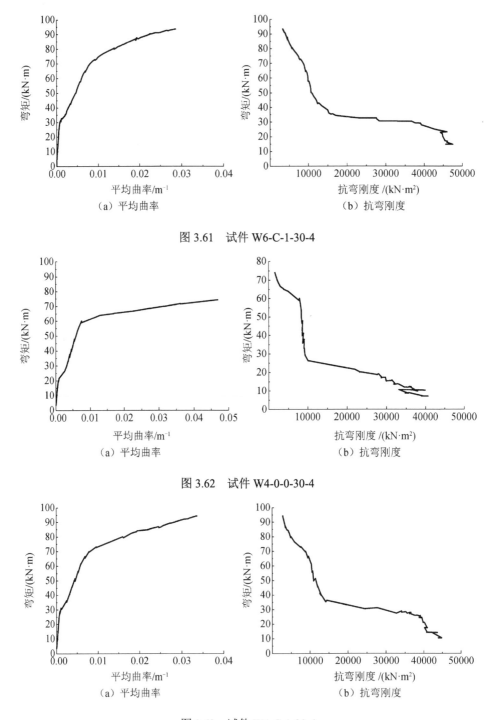

（a）平均曲率 　　　　　　　（b）抗弯刚度

图 3.61　试件 W6-C-1-30-4

（a）平均曲率 　　　　　　　（b）抗弯刚度

图 3.62　试件 W4-0-0-30-4

（a）平均曲率 　　　　　　　（b）抗弯刚度

图 3.63　试件 W4-C-1-20-4

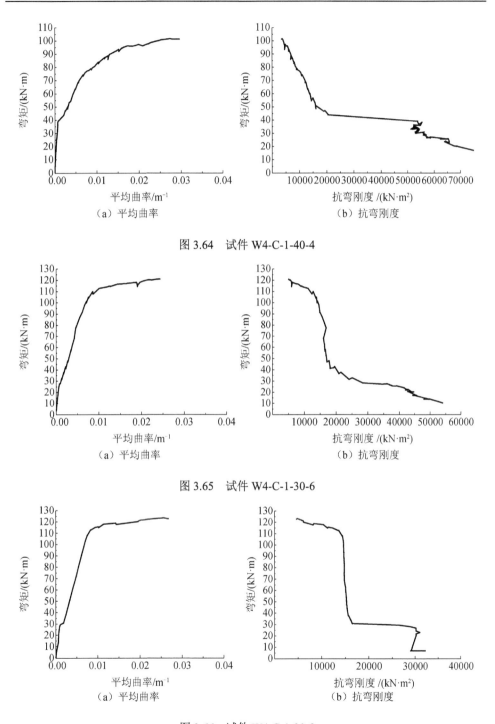

（a）平均曲率　　　　　　　　　（b）抗弯刚度

图 3.64　试件 W4-C-1-40-4

（a）平均曲率　　　　　　　　　（b）抗弯刚度

图 3.65　试件 W4-C-1-30-6

（a）平均曲率　　　　　　　　　（b）抗弯刚度

图 3.66　试件 W4-C-1-30-8

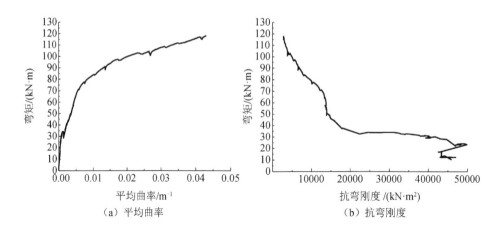

（a）平均曲率　　　　　　　　　　（b）抗弯刚度

图 3.67　　试件 W4-C-2-30-4

混凝土开裂前为第一阶段，平均曲率小，刚度值波动较大，这是因为加载持荷时，平均曲率值稍微变化都会引起刚度值有较大的变化。

混凝土开裂进入第二阶段，刚度衰减很快（跟裂缝发展较快有关），裂缝发展稳定后，刚度缓慢下降，接近钢筋屈服时，刚度衰减又变快。

钢筋屈服后进入第三阶段，虽然刚度衰减缓慢，但达到极限弯矩时，刚度值已经很小了。

对比不同跨高比试件的抗弯刚度曲线得出：跨高比不同，弯矩-抗弯刚度曲线各阶段的弯曲程度也不相同。

各试件的屈服曲率、屈服刚度、极限曲率、极限刚度和曲率延性见表 3.2，从表 3.2 中可以得出以下结论。

（1）相同加固量的试件，跨高比较小的试件加固后其曲率延性较大。

（2）未加固构件 W4-0-0-30-4 的曲率延性最好，加固后构件的延性均有不同程度降低。

（3）随碳纤维布层数的增加，曲率延性降低并无规律。

（4）配筋率较高的 W4-C-1-30-6 和 W4-C-1-30-8 试件为混凝土压碎破坏，其曲率延性最小。

（5）混凝土强度等级对加固构件的曲率延性影响不大，配筋率对加固构件的曲率延性影响较大。

表 3.2　试件试验结果

试件编号	屈服曲率 ϕ_y / m^{-1}	极限曲率 ϕ_u / m^{-1}	曲率延性 ϕ_u / ϕ_y	屈服刚度/ (kN·m^2)	极限刚度/ (kN·m^2)
W2-C-1-30-2	0.00523	0.03946	7.545	$7.94×10^3$	$2.10×10^3$
W3-C-1-30-3	0.00461	0.03675	7.972	$1.14×10^4$	$2.40×10^3$
W4-C-1-30-4	0.00640	0.03313	5.177	$9.84×10^3$	$2.84×10^3$
W5-C-1-30-4	0.00603	0.03156	5.234	$9.87×10^3$	$3.00×10^3$
W6-C-1-30-4	0.00652	0.02840	4.356	$9.70×10^3$	$3.29×10^3$
W4-0-0-30-4	0.00592	0.04965	8.387	$8.61×10^3$	$1.50×10^3$
W4-C-1-30-4	0.00640	0.03313	5.177	$9.84×10^3$	$2.84×10^3$
W4-C-2-30-4	0.00568	0.04302	7.574	$1.12×10^4$	$2.75×10^3$
W4-C-1-20-4	0.00453	0.03367	7.433	$1.14×10^4$	$2.80×10^3$
W4-C-1-30-4	0.00640	0.03313	5.177	$9.84×10^3$	$2.84×10^3$
W4-C-1-40-4	0.00401	0.02970	7.406	$1.42×10^4$	$3.40×10^3$
W4-C-1-30-4	0.00640	0.03313	5.177	$9.84×10^3$	$2.84×10^3$
W4-C-1-30-6	0.00673	0.02442	3.629	$1.46×10^4$	$4.90×10^3$
W4-C-1-30-8	0.00753	0.02686	3.567	$1.44×10^4$	$4.61×10^3$

3.5.2　荷载-跨中挠度曲线

荷载-跨中挠度曲线与弯矩-曲率曲线相似，只是曲线的斜率变化不同，荷载-挠度曲线的开裂荷载和屈服荷载附近的曲线转折相对平缓一些。

试验中实测了不同跨高比、混凝土强度等级、纵筋配筋率和碳纤维布加固层数试件的荷载-跨中挠度曲线，如图 3.68 所示。可以看出，开裂荷载和屈服荷载将曲线分为三个受力阶段。

（1）开裂荷载之前的弹性阶段，荷载-跨中挠度曲线斜率较大，即梁刚度大，变形小，跨高比较小的梁的刚度较大，而混凝土强度等级、纵筋配筋率和碳纤维布加固层数对梁刚度的影响很小。

（2）开裂荷载和屈服荷载之间的弹塑性阶段，荷载-挠度曲线斜率减小，即梁刚度减小，变形增大，且跨高比较小的梁的刚度较大，混凝土强度等级、纵筋配筋率和碳纤维布加固层数对梁刚度的影响较小。

（3）钢筋屈服后的塑性阶段，荷载-跨中挠度曲线斜率进一步减小，梁的刚度减小，未加固梁的刚度退化较快，加固梁的刚度退化较慢，两层碳纤维布加固梁的刚度退化最慢，碳纤维布在此阶段发挥的作用最大。

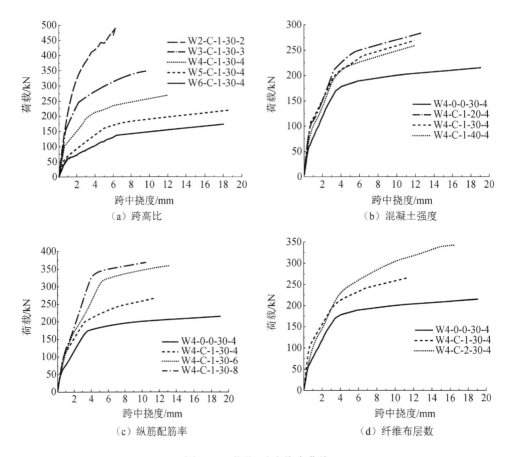

（a）跨高比　　　　　　　　　　　（b）混凝土强度

（c）纵筋配筋率　　　　　　　　　　（d）纤维布层数

图 3.68　荷载-跨中挠度曲线

　　各试件的位移延性见表 3.3，从表 3.3 中可以看出，相同加固量的试件，跨高比较小其位移延性较大；未加固构件 W4-0-0-30-4 的位移延性最好，加固构件的位移延性降低；随碳纤维布层数的增加试件的位移延性降低并无规律；配筋率较高的 W4-C-1-30-6 和 W4-C-1-30-8 试件为混凝土压碎破坏，其曲率延性最小。各试件的位移延性变化规律基本同曲率延性变化规律。

表 3.3　试件的位移延性

试件编号	屈服挠度/mm	极限挠度/mm	位移延性
W2-C-1-30-2	1.3724	6.3774	4.647
W3-C-1-30-3	1.6044	9.667	6.025
W4-C-1-30-4	2.9062	11.9173	4.101
W5-C-1-30-4	4.0767	18.8396	4.621
W6-C-1-30-4	5.1968	18.0928	3.482

续表

试件编号	屈服挠度/mm	极限挠度/mm	位移延性
W4-0-0-30-4	2.8658	19.0898	6.661
W4-C-1-30-4	2.9062	11.9173	4.101
W4-C-2-30-4	2.8355	16.4884	5.815
W4-C-1-20-4	2.3301	12.0402	5.167
W4-C-1-30-4	2.9062	11.9173	4.101
W4-C-1-40-4	2.4007	12.7952	5.330
W4-C-1-30-4	2.9062	11.9173	4.101
W4-C-1-30-6	4.6821	13.4006	2.862
W4-C-1-30-8	3.9620	10.4907	2.648

3.5.3　荷载–转角曲线

　　本章试验在梁顶面均匀、对称地放置倾角仪,用以测量构件的转角。在数据处理过程中,跨中放置的倾角仪的读数(理论上应该为零)用以修正梁整体的倾斜,距跨中对称放置的倾角仪取其平均值,各试件在 4 个不同荷载作用下的荷载–转角曲线如图 3.69~图 3.79 所示。从图 3.69~图 3.79 中可以看出,有些构件的转角最大值不在支座处(理论上,支座转角为最大,跨中转角为零,支座至跨中之间的转角应该由大变小),是因为放置在集中荷载加载点或支座附近的倾角仪,局部混凝土受压会影响此处的倾角仪读数。

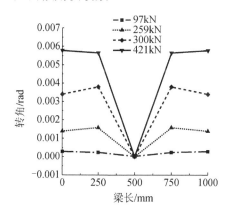

图 3.69　试件 W2-C-1-30-2

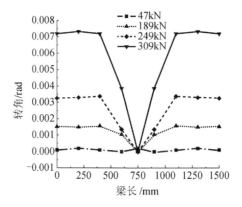

图 3.70   试件 W3-C-1-30-3

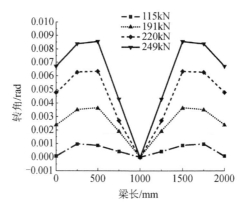

图 3.71   试件 W4-C-1-30-4

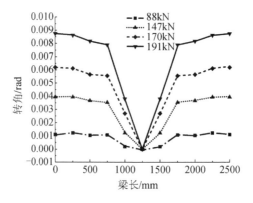

图 3.72   试件 W5-C-1-30-4

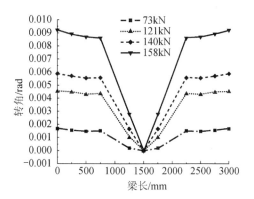

图 3.73　试件 W6-C-1-30-4

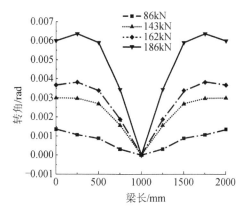

图 3.74　试件 W4-0-0-30-4

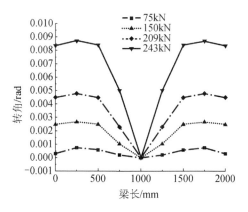

图 3.75　试件 W4-C-1-20-4

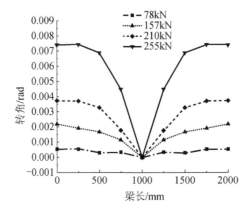

图 3.76　试件 W4-C-1-40-4

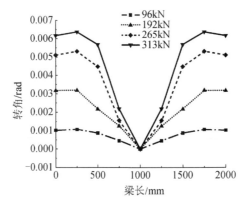

图 3.77　试件 W4-C-1-30-6

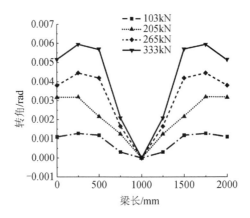

图 3.78　试件 W4-C-1-30-8

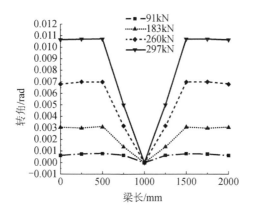

图 3.79　试件 W4-C-2-30-4

接近极限荷载时，各试件的转角试验值对比见表 3.4，从表 3.4 中可以看出，随跨高比的增加，加固梁的支座转角、平均值逐渐增大；随碳纤维布层数的增加，试件的转角变化并无规律；随混凝土强度等级的增加，试件的转角变化规律不明显；随配筋率的增加，试件的转角平均值逐渐减小。因为配筋率较高的 2 个试件为混凝土压碎破坏，其位移延性最小，因此转角也最小。

表 3.4　各试件转角试验值

试件编号	P / kN	P_u / kN	P / P_u	支座转角/rad	最大转角/rad	转角平均值
W2-C-1-30-2	489.972	498.0	0.984	0.00949	0.01351	0.01150
W3-C-1-30-3	344.266	353.0	0.975	0.01217	0.01223	0.01220
W4-C-1-30-4	278.892	282.0	0.989	0.01171	0.01387	0.01279
W5-C-1-30-4	222.327	227.0	0.979	0.01968	0.01968	0.01968
W6-C-1-30-4	183.324	187.0	0.980	0.01992	0.01992	0.01992
W4-0-0-30-4	219.834	223.0	0.986	0.01618	0.01676	0.01647
W4-C-1-30-4	278.892	282.0	0.989	0.01171	0.01387	0.01279
W4-C-2-30-4	347.091	355.0	0.978	0.01760	0.01772	0.01766
W4-C-1-20-4	277.729	283.0	0.981	0.01374	0.01411	0.01392
W4-C-1-30-4	278.892	282.0	0.989	0.01171	0.01387	0.01279
W4-C-1-40-4	296.344	303.0	0.978	0.01280	0.01295	0.01288
W4-C-1-30-4	278.892	282.0	0.989	0.01171	0.01387	0.01279
W4-C-1-30-6	351.357	358.9	0.979	0.00993	0.01019	0.01006
W4-C-1-30-8	364.100	371.4	0.980	0.00930	0.01029	0.00980

除了用 π 型应变计来测量平均曲率之外，也可用其他仪器进行测量，如曲率

仪、成对的倾角仪等。本章试验也放置了成对的倾角仪来测量倾角，也能计算出截面的平均曲率，但是集中力加载点附近的倾角仪受到局部受压混凝土的影响，数据误差较大，所以本章不用测量的成对倾角来计算平均曲率。本章试验放置的倾角仪主要是验证后面提出的抗弯刚度计算模型的正确性。

3.6 裂 缝 发 展

试验测量的各试件的开裂荷载见表 3.1。图 3.80～图 3.101 为各构件两个侧面从加载到极限荷载过程中的裂缝发展图。试验测量阶段各试件的裂缝宽度和平均裂缝间距见表 3.5。

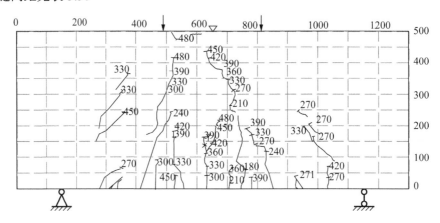

图 3.80　试件 W2-C-1-30-2（南侧）（单位：mm）

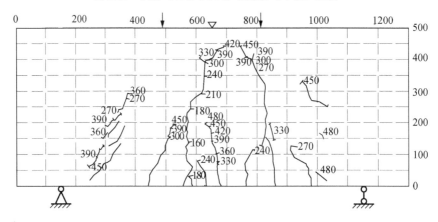

图 3.81　试件 W2-C-1-30-2（北侧）（单位：mm）

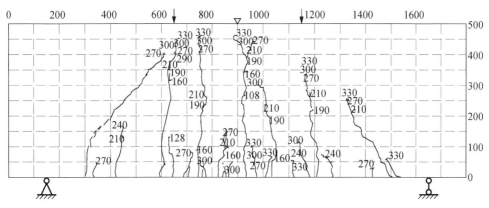

图 3.82 试件 W3-C-1-30-3（南侧）（单位：mm）

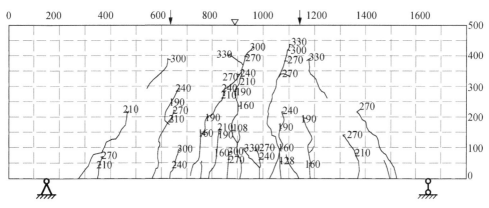

图 3.83 试件 W3-C-1-30-3（北侧）（单位：mm）

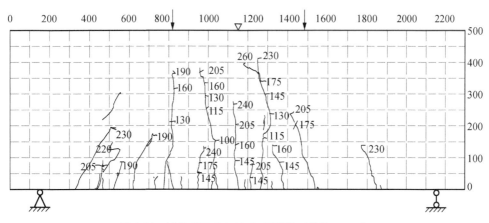

图 3.84 试件 W4-C-1-30-4（南侧）（单位：mm）

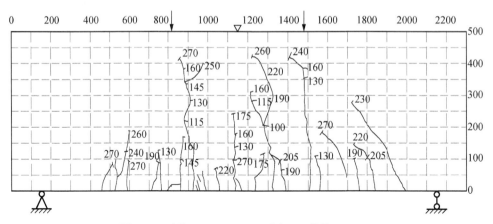

图 3.85　试件 W4-C-1-30-4（北侧）（单位：mm）

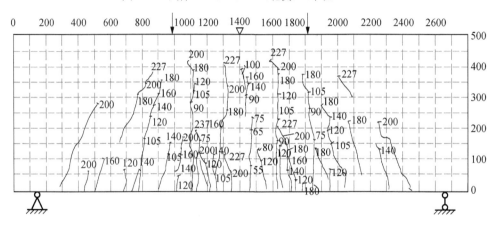

图 3.86　试件 W5-C-1-30-4（南侧）（单位：mm）

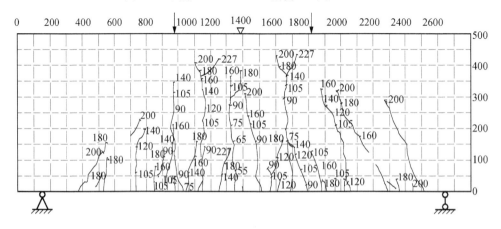

图 3.87　试件 W5-C-1-30-4（北侧）（单位：mm）

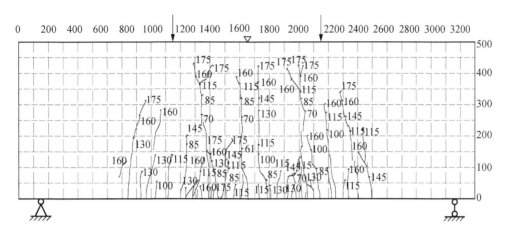

图 3.88　试件 W6-C-1-30-4（南侧）（单位：mm）

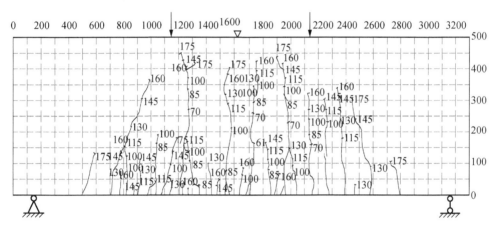

图 3.89　试件 W6-C-1-30-4（北侧）（单位：mm）

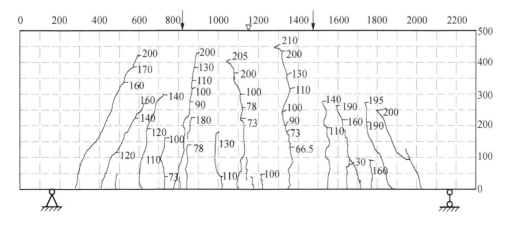

图 3.90　试件 W4-0-0-30-4（南侧）（单位：mm）

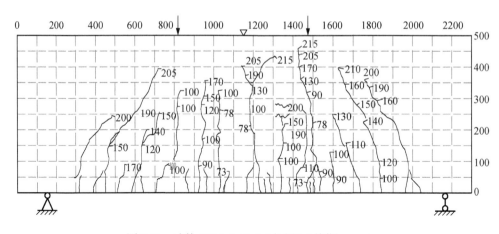

图 3.91　试件 W4-0-0-30-4（北侧）（单位：mm）

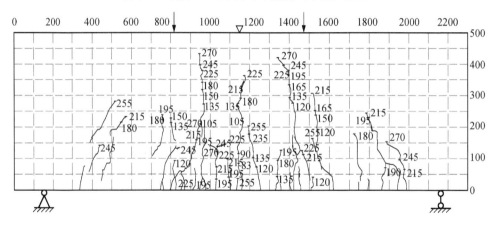

图 3.92　试件 W4-C-1-20-4（南侧）（单位：mm）

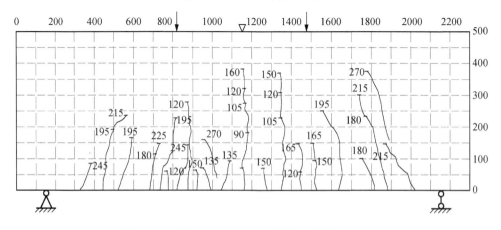

图 3.93　试件 W4-C-1-20-4（北侧）（单位：mm）

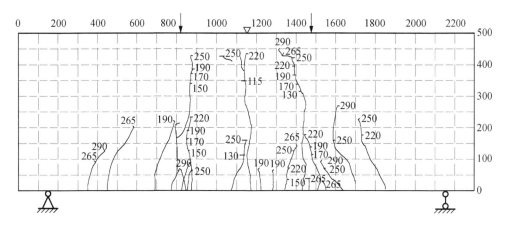

图 3.94　试件 W4-C-1-40-4（南侧）（单位：mm）

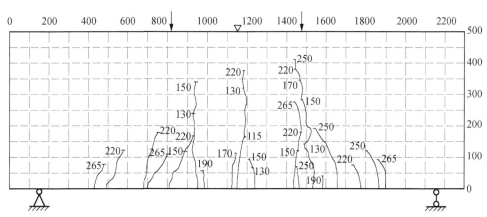

图 3.95　试件 W4-C-1-40-4（北侧）（单位：mm）

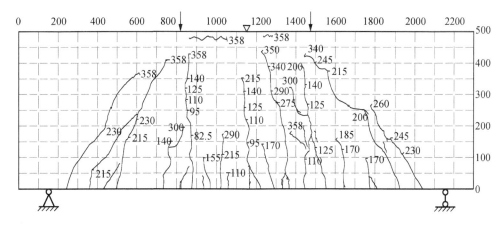

图 3.96　试件 W4-C-1-30-6（南侧）（单位：mm）

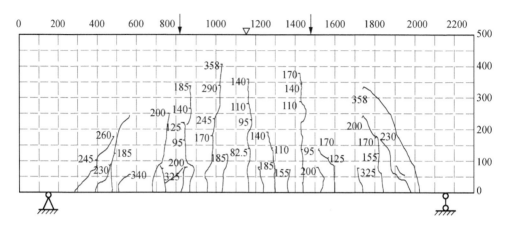

图 3.97　试件 W4-C-1-30-6（北侧）（单位：mm）

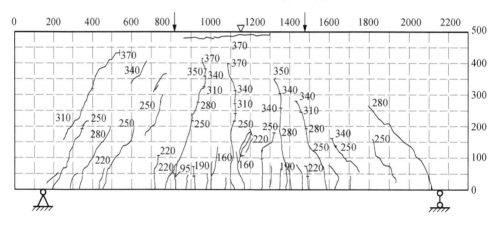

图 3.98　试件 W4-C-1-30-8（南侧）（单位：mm）

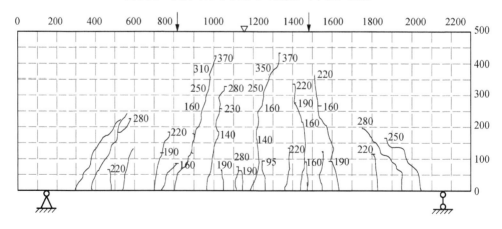

图 3.99　试件 W4-C-1-30-8（北侧）（单位：mm）

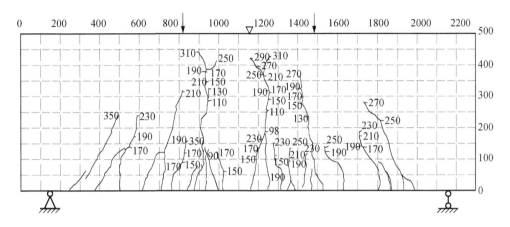

图 3.100　试件 W4-C-2-30-4（南侧）（单位：mm）

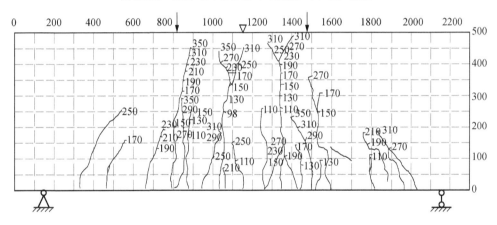

图 3.101　试件 W4-C-2-30-4（北侧）（单位：mm）

表 3.5　裂缝宽度和平均裂缝间距实测值

试件编号	P/kN	P/P_y	w_m^t /mm	w_{max}^t /mm	平均裂缝间距 l_{mf}^t /mm
W2-C-1-30-2	240	0.964	0.08	0.16	110
W3-C-1-30-3	190	0.906	0.08	0.16	111
W4-C-1-30-4	175	0.927	0.12	0.20	111
W5-C-1-30-4	130	0.909	0.14	0.22	120
W6-C-1-30-4	115	0.910	0.12	0.18	125
W4-0-0-30-4	140	0.915	0.16	0.26	148
W4-C-1-30-4	175	0.927	0.12	0.20	111
W4-C-2-30-4	170	0.894	0.08	0.14	95

续表

试件编号	P/kN	P/P_y	w_m^t /mm	w_{max}^t /mm	平均裂缝间距 l_{mf}^t /mm
W4-C-1-20-4	150	0.972	0.09	0.12	111
W4-C-1-30-4	175	0.927	0.12	0.20	111
W4-C-1-40-4	170	0.997	0.11	0.16	133
W4-C-1-30-4	175	0.927	0.12	0.20	111
W4-C-1-30-6	260	0.882	0.18	0.24	111
W4-C-1-30-8	310	0.954	0.12	0.20	111

总结 11 根梁的裂缝发展和分布特点，得出如下规律。

（1）随跨高比的减小，加固短梁的开裂荷载显著增加；随混凝土强度等级的增加，加固短梁的开裂荷载也呈增加的趋势。

（2）第一条裂缝均在试件跨中纯弯段区内出现，在钢筋位置处的宽度为 0.02～0.04mm，发展高度为 5～25cm，以 10cm 左右居多。

（3）混凝土开裂到钢筋屈服阶段。初期加载，裂缝高度发展最快，主裂缝（树干裂缝）数量增加快，次裂缝（树根裂缝）数量增加慢，裂缝宽度增加稳定；中期加载，裂缝高度发展较慢，主裂缝数量增加较慢，次裂缝数量增加较快，斜裂缝出现，裂缝宽度增加稳定；后期加载到接近钢筋屈服时，裂缝高度发展缓慢，主、次裂缝数量增加缓慢，斜裂缝数量增加较快，裂缝宽度增加较快。

（4）钢筋屈服到极限荷载阶段。裂缝高度发展最慢，主裂缝数量基本不增加，主裂缝上部出现树枝状分叉，次裂缝数量增加缓慢，斜裂缝增加缓慢，裂缝宽度增加最快。配筋较高的试件 W4-C-1-30-6 和 W4-C-1-30-8 在混凝土受压区出现了横向裂缝。

（5）裂缝宽度在钢筋位置处较窄，而稍远处的腹部裂缝较宽。

（6）同级荷载下，各条主裂缝高度有趋于一致性的特点，不会出现一条主裂缝的发展高度明显高于其他主裂缝高度。

（7）在使用阶段，加固梁的最大裂缝宽度和平均裂缝间距均小于未加固梁，随着加固层数的增加，最大裂缝宽度和平均裂缝间距均减小，使用荷载与屈服荷载比值相同时，随跨高比的减小，碳纤维布加固钢筋混凝土短梁的裂缝宽度减小。

第4章 碳纤维布加固钢筋混凝土短梁
受弯承载力计算方法

4.1 引 言

通过总结国内外对碳纤维布加固钢筋混凝土浅梁的受弯承载力计算发现，国内外学者对碳纤维布加固钢筋混凝土浅梁受弯承载力计算的研究较多，包括有限元程序数值模拟计算法、截面分析的一般方法和实用方法（简化方法），但缺乏对碳纤维布加固钢筋混凝土短梁受弯承载计算的研究。

基于第3章碳纤维布加固钢筋混凝土短梁受弯试验现象及结果分析，本章分析跨高比、纵筋配筋率和碳纤维布层数对梁极限荷载的影响，建立碳纤维布加固钢筋混凝土短梁受弯承载力理论计算模型。针对碳纤维布加固钢筋混凝土短梁两种破坏模式的特点，提出考虑混凝土和碳纤维布界面剥离影响，并反映跨高比影响的碳纤维布加固钢筋混凝土短梁受弯承载力计算公式。

4.2 极限荷载影响因素

为了分析跨高比、纵筋配筋率和碳纤维布层数对梁极限荷载的影响，用极限荷载相对值 $P_u / (f_{cu}bh)$ 对试验数据进行处理，其中，P_u 为梁极限荷载，b、h 分别为梁的截面宽度和高度，f_{cu} 为混凝土立方体抗压强度。根据试验结果得到了跨高比（l/h）、纵筋配筋率（ρ_s）和碳纤维布层数（n）对梁极限荷载相对值的影响，如图4.1所示。

根据试验现象，在纵筋配筋率和碳纤维布层数基本相同的情况下，随跨高比的增大，碳纤维布加固钢筋混凝土梁极限荷载相对值呈非线性减小，如图4.1（a）所示。在相同极限荷载 P_u 作用下，试件的跨中受弯承载力 $M_u = (P_u / 2) \times (l / 3) = (P_u h / 6) \times (l / h)$，则极限荷载 $P_u = (6M_u / h) / (l / h)$，纵筋和截面尺寸相同时，其受弯承载力 M_u 相差较小，假定 M_u 相等，跨高比 l / h 较小的梁的极限荷载 P_u 较大。在跨高比和碳纤维布层数相同的情况下，随纵筋配筋率从0.42%增加到0.6%和

0.82%，极限荷载相对值分别提高 27.3%和 31.7%，极限荷载相对值随纵筋配筋率的增加而增加，如图 4.1（b）所示。在纵筋配筋率和跨高比相同的情况下，碳纤维布加固层数为 1 层和 2 层时，极限荷载相对值比未加固梁分别提高 26.5%和59.2%，极限荷载相对值随碳纤维布加固量的增加而提高，如图 4.1（c）所示。

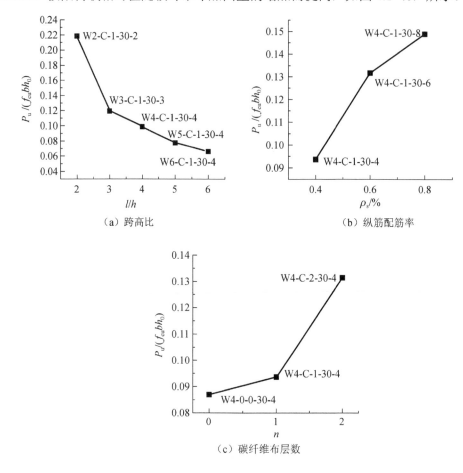

图 4.1　碳纤维布加固钢筋混凝土梁极限荷载的影响因素

4.3　正截面应变分布

接近极限荷载时，跨中截面沿高度方向均匀布置的 6 个 π 型应变计测量的混凝土平均应变如图 4.2 所示。跨高比为 2 和 3 的梁沿截面高度的应变分布为曲线，不太符合梁平截面假定的平均应变分布特征，这与相关文献[1]的研究结果一致。

跨高比为 4、5 和 6 的梁，其平均应变变化接近斜直线，与梁平截面假定的平均应变分布特征较符合，如图 4.2（a）所示。跨高比都为 4 的 7 个试件，其平均应变较接近斜直线，与梁平截面假定的平均应变分布特征较符合，如图 4.2（b）所示。

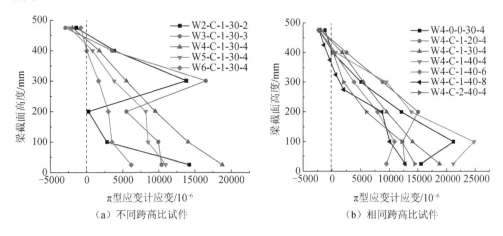

图 4.2　跨中截面混凝土应变

4.4　受弯承载力计算方法

4.4.1　计算假定

根据本章和相关文献[2-6]的试验结果，采用如下基本假定。

（1）短梁处于深梁和浅梁的过渡范围内，参考《混凝土结构设计规范（2015年版）》（GB 50010—2010）[7]，引入内力臂修正系数 α_d 对短梁的平截面假定进行修正，即

$$\alpha_d = 0.8 + 0.04(l_0 / h) \tag{4.1}$$

式中：l_0 为短梁计算跨度。h 为短梁截面高度，l_0 / h 为跨高比，短梁跨高比取值 $2 \sim 5$；当 $l_0 / h > 5$ 时为浅梁，取 $l_0 / h = 5$；当 $l_0 / h < 2$ 时，按深梁理论计算。

（2）混凝土开裂后不考虑其受拉作用。

（3）混凝土受压应力-应变关系采用《混凝土结构设计规范（2015 年版）》（GB 50010—2010）[7]的非线性关系式计算，即

$$\begin{cases} \sigma_c = f_c\left[1-\left(1-\dfrac{\varepsilon_c}{\varepsilon_0}\right)^n\right] & \varepsilon_c \leqslant \varepsilon_0 \\ \sigma_c = f_c & \varepsilon_0 < \varepsilon_c \leqslant \varepsilon_{cu} \end{cases} \qquad (4.2)$$

式中：σ_c 为混凝土压应力；ε_c 为混凝土压应变；f_c 为混凝土轴心抗压强度；ε_0 为混凝土压应力 f_c 对应的混凝土压应变，参考《混凝土结构设计规范（2015 年版）》（GB 50010—2010）[7]计算，当计算值小于 0.002 时，取 0.002；ε_{cu} 为混凝土极限压应变，当计算值大于 0.0033 时，取 0.0033。

（4）考虑钢筋应力-应变曲线的特点，采用双斜线的弹塑性强化模型。

$$\begin{cases} \sigma_s = f_s = E_s\varepsilon_s & \varepsilon_s \leqslant \varepsilon_y \\ \sigma_s = f_s = f_y + E'_s\left(\varepsilon_s - \varepsilon_y\right) & \varepsilon_s > \varepsilon_y \end{cases} \qquad (4.3)$$

式中：f_s 为钢筋应力；E_s 为钢筋弹性模量；ε_s 为钢筋应变，当计算值大于 0.01 时，取 0.01；ε_y 为屈服应变；E'_s 为钢筋硬化段直线斜率，有明显流幅段的钢筋取 $0.001E_s$，无流幅段的钢筋取 $0.1E_s$；f_y 为钢筋屈服强度。

（5）碳纤维布为线弹性材料，其拉应力 σ_f 与拉应变 ε_f 成正比，即

$$\sigma_f = E_{frp}\varepsilon_f \qquad (4.4)$$

式中：E_{frp} 为碳纤维布弹性模量。

（6）碳纤维布被拉断之前，其与混凝土间的黏结性能劣化，并伴有跨中裂缝引起的剥离破坏，在计算中应予以考虑。参考修正的 Chen 和 Teng[8-10]中界面应力模型[8-10]，结合跨高比对碳纤维布加固钢筋混凝土短梁受弯承载力的影响，碳纤维布拉断应变 ε_{fb} 的关系式为

$$\varepsilon_{fb} = \alpha\beta_p\beta_1\sqrt{\dfrac{\sqrt{f_{cu}}}{E_{frp}t_{frp}}} \qquad (4.5)$$

式中：α 为考虑跨高比影响的系数，根据对本章试验数据的分析，$\alpha = 2.83(l_0/h)^{-0.675}$（$2 \leqslant l_0/h \leqslant 5$），当 $l_0/h > 5$ 时，$\alpha = 1.0$；t_{frp} 为碳纤维布的计算厚度；β_p 为宽度修正系数，当碳纤维布和梁同宽时，$\beta_p = 0.707$；β_1 为长度修正系数，取为 1。由式（4.5）计算 ε_{fb} 时，还应满足 $\varepsilon_{fb} \leqslant 0.9\varepsilon_{fu}$ 的条件，其中，ε_{fu} 为碳纤维布极限拉应变。

（7）在计算碳纤维布内力臂时，忽略其厚度影响。

4.4.2　受弯承载力理论计算方法

根据碳纤维布加固钢筋混凝土梁的试验结果，将梁受压区混凝土非线性应力图转化为等效矩形应力图，受弯承载力的计算模型如图 4.3 所示。

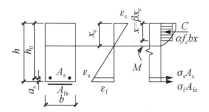

图 4.3　碳纤维布加固钢筋混凝土短梁受弯承载力计算模型

图 4.3 中系数 α、β 的计算式如下。

（1）当 $\varepsilon_c \leqslant \varepsilon_0$ 时，有

$$\alpha = \frac{(3\varepsilon_0\varepsilon_c - \varepsilon_c^2)(6\varepsilon_0 - 2\varepsilon_c)}{3\varepsilon_0^2(4\varepsilon_0 - \varepsilon_c)} \tag{4.6}$$

$$\beta = \frac{4\varepsilon_0 - \varepsilon_c}{6\varepsilon_0 - 2\varepsilon_c} \tag{4.7}$$

（2）当 $\varepsilon_0 < \varepsilon_c \leqslant \varepsilon_{cu}$ 时，有

$$\alpha = \frac{2\varepsilon_c(3\varepsilon_c - \varepsilon_0)^2}{18\varepsilon_c^3 - 12\varepsilon_0\varepsilon_c^2 + 3\varepsilon_0^2\varepsilon_c} \tag{4.8}$$

$$\beta = \frac{6\varepsilon_c^2 - 4\varepsilon_0\varepsilon_c + \varepsilon_0^2}{6\varepsilon_c^2 - 2\varepsilon_0\varepsilon_c} \tag{4.9}$$

由力和力矩的平衡条件及几何关系得

$$C = \sigma_s A_s + \sigma_f A_{fe} \tag{4.10}$$

$$M_u = \sigma_s A_s \alpha_d \left(h_0 - \frac{x}{2}\right) + \sigma_f A_{fe} \alpha_d \left(h - \frac{x}{2}\right) \tag{4.11}$$

当碳纤维布的拉应变 ε_f 为拉断应变 ε_{fb} 时，由图 4.3 中应变的相似三角形关系得

$$x_c = \frac{\varepsilon_c}{\varepsilon_c + \varepsilon_{fb}} h \tag{4.12}$$

$$\varepsilon_s = \frac{h_0 - x_c}{x_c}\varepsilon_c = \frac{\varepsilon_{fb}h_0 - \varepsilon_c(h - h_0)}{h} \tag{4.13}$$

当混凝土的压应变 ε_c 为极限压应变 ε_{cu} 时，由图 4.3 中应变的相似三角形关系得

$$\varepsilon_s = (h_0 / x_c - 1)\varepsilon_{cu} \tag{4.14}$$

$$\varepsilon_f = (h / x_c - 1)\varepsilon_{cu} \tag{4.15}$$

式中：C 为受压混凝土的合力；σ_s、A_s 分别为钢筋的拉应力和面积；σ_f、A_{fe} 分别为碳纤维布的拉应力和有效面积，其中 A_{fe} 等于碳纤维布的实际面积 A_f 乘以厚度折减系数 K_m，K_m 可参考《混凝土结构加固设计规范》（GB 50367—2013）[11] 确定。

根据前面所述的碳纤维布加固混凝土梁的 3 种破坏模式，分别建立其受弯承载力计算方法。

1. 碳纤维布拉断+剥离破坏

该破坏模式的钢筋首先屈服（ $\varepsilon_s > \varepsilon_y$ ），之后碳纤维布被拉断（ $\varepsilon_f = \varepsilon_{fb}$ ， $\sigma_f = E_{frp}\varepsilon_{fb}$ ），受压区混凝土未被压碎（ $\varepsilon_c < \varepsilon_{cu}$ ）。

当 $\varepsilon_c \leqslant \varepsilon_0$ 时，受压混凝土合力 C 为

$$C = \int_0^{x_c} b\sigma_c \mathrm{d}x = \frac{x_c}{\varepsilon_c} \int_0^{\varepsilon_c} b\sigma_c \mathrm{d}\varepsilon = bf_c x_c \left(\frac{\varepsilon_c}{\varepsilon_0} - \frac{\varepsilon_c^2}{3\varepsilon_0^2} \right) \tag{4.16}$$

将式（4.16）、式（4.3）和 $\sigma_f = E_{frp}\varepsilon_{fb}$ 代入式（4.10）中得

$$bf_c x_c \left(\frac{\varepsilon_c}{\varepsilon_0} - \frac{\varepsilon_c^2}{3\varepsilon_0^2} \right) = [f_y + E'_s(\varepsilon_s - \varepsilon_y)]A_s + E_{frp}\varepsilon_{fb}A_{fe} \tag{4.17}$$

当 $\varepsilon_0 < \varepsilon_c \leqslant \varepsilon_{cu}$ 时，受压混凝土合力 C 为

$$C = \int_0^{x_c} b\sigma_c \mathrm{d}x = \frac{x_c}{\varepsilon_c} \left[\int_0^{\varepsilon_0} bf_c \left(\frac{2\varepsilon}{\varepsilon_0} - \frac{\varepsilon^2}{\varepsilon_0^2} \right) \mathrm{d}\varepsilon + \int_{\varepsilon_0}^{\varepsilon_c} bf_c \mathrm{d}\varepsilon \right] = bf_c x_c \left(1 - \frac{\varepsilon_0}{3\varepsilon_c} \right) \tag{4.18}$$

将式（4.18）、式（4.3）和 $\sigma_f = E_{frp}\varepsilon_{fb}$ 代入式（4.10）中得

$$bf_c x_c \left(1 - \frac{\varepsilon_0}{3\varepsilon_c} \right) = [f_y + E'_s(\varepsilon_s - \varepsilon_y)]A_s + E_{frp}\varepsilon_{fb}A_{fe} \tag{4.19}$$

将式（4.12）和式（4.13）代入式（4.17）或式（4.19）中得到只含未知数 ε_c 的方程，求得 ε_c ，将 ε_c 代回式（4.12）得到 x_c ，将 ε_c 代回式（4.13）得到 ε_s ，由式（4.7）或式（4.9）得到 β ，则有 $x = \beta x_c$ ，将相关已知值代入式（4.11）得

$$M_u = [f_y + E'_s(\varepsilon_s - \varepsilon_y)]A_s\alpha_d\left(h_0 - \frac{x}{2}\right) + E_{frp}\varepsilon_{fb}A_{fe}\alpha_d\left(h - \frac{x}{2}\right) \tag{4.20}$$

2. 混凝土压碎+剥离破坏

该破坏模式的钢筋首先屈服（ $\varepsilon_s > \varepsilon_y$ ），而碳纤维布未拉断（ $\varepsilon_f < \varepsilon_{fb}$ ， $\sigma_f = E_{frp}\varepsilon_f < E_{frp}\varepsilon_{fb}$ ），受压区混凝土被压碎（ $\varepsilon_c = \varepsilon_{cu}$ ）。

将 $\varepsilon_c = \varepsilon_{cu}$ 代入式（4.18）得

$$C = bf_c x_c \left(1 - \frac{\varepsilon_0}{3\varepsilon_{cu}} \right) \tag{4.21}$$

将式（4.3）、式（4.14）、式（4.15）和式（4.21）代入式（4.10）得

$$bf_c x_c \left(1 - \frac{\varepsilon_0}{3\varepsilon_{cu}}\right) = \left\{f_y + E_s'\left[\left(\frac{h_0}{x_c}-1\right)\varepsilon_{cu} - \varepsilon_y\right]\right\}A_s + E_{frp}\left(\frac{h}{x_c}-1\right)\varepsilon_{cu}A_f \quad (4.22)$$

式（4.22）是只含未知数 ε_c 的方程式，求解得 x_c，将 x_c 代回式（4.14）和式（4.15）得到 ε_s 和 ε_f；将 $\varepsilon_c = \varepsilon_{cu}$ 代入式（4.9）得 β，则有 $x = \beta x_c$，将相关已知值代入式（4.11）得

$$M_u = [f_y + E_s'(\varepsilon_s - \varepsilon_y)]A_s\alpha_d\left(h_0 - \frac{x}{2}\right) + E_{frp}\varepsilon_f A_{fe}\alpha_d\left(h - \frac{x}{2}\right) \quad (4.23)$$

3. 界限+剥离破坏

该破坏模式的钢筋首先屈服（$\varepsilon_s > \varepsilon_y$），而碳纤维布部分被拉断和混凝土被压碎几乎同时发生（$\sigma_f = \sigma_{fb}$，$\varepsilon_f = \varepsilon_{fb}$，$\varepsilon_c = \varepsilon_{cu}$），类似于超筋梁和适筋梁的界限破坏。根据截面应变的平截面假定，界限相对受压区高度 ξ_{fb} 为

$$\xi_{fb} = \frac{x}{h} = \frac{\beta x_c}{h} = \frac{\beta\varepsilon_{cu}}{\varepsilon_{cu} + \varepsilon_{fb}} \quad (4.24)$$

因此，对于碳纤维布加固钢筋混凝土适筋梁，若 $\xi_{fb} < \xi < \xi_b$，为混凝土先被压碎的破坏；若 $\xi < \xi_{fb}$，为碳纤维布先被拉断的破坏；若 $\xi = \xi_{fb}$，为界限破坏。

4.4.3 受弯承载力简化计算方法

为与《混凝土结构加固设计规范》（GB 50367—2013）[11]表达式一致，采用理想弹塑性模拟钢筋。对于混凝土先被压碎的情况，将碳纤维布加固钢筋混凝土梁受弯承载力简化为

$$\alpha f_c bx = f_y A_s + E_{frp}\varepsilon_{fl} A_{fe} \quad (4.25)$$

$$M_u = f_y A_s\alpha_d\left(h_0 - \frac{x}{2}\right) + E_{frp}\varepsilon_{fl} A_{fe}\alpha_d\left(h - \frac{x}{2}\right) \quad (4.26)$$

式中：ε_{fl} 为受压边缘混凝土达到极限压应变 ε_{cu} 时按平截面假定计算的碳纤维布拉应变。

对于碳纤维布先被拉断的情况，将碳纤维布加固钢筋混凝土梁受弯承载力公式简化为

$$\alpha f_c bx = f_y A_s + E_{frp}\varepsilon_{fb} A_{fe} \quad (4.27)$$

$$M_u = f_y A_s\alpha_d\left(h_0 - \frac{x}{2}\right) + E_{frp}\varepsilon_{fb} A_{fe}\alpha_d\left(h - \frac{x}{2}\right) \quad (4.28)$$

式中：ε_{fb} 为考虑界面剥离影响的碳纤维布拉应变，按式（4.5）计算。当 $x < 0.2h_0$ 时，取 $x = 0.2h_0$。

4.4.4　计算结果和试验验证

当跨高比大于 5 时，取跨高比等于 5，内力臂修正系数 $\alpha_d = 1$，上述受弯承载力计算公式即为浅梁的公式。为了验证建立的碳纤维布加固钢筋混凝土梁受弯承载力计算公式的适用性，收集了文献[12]～[14]中的试验数据，均为碳纤维布加固钢筋混凝土梁受弯试验，梁跨高比为 5～10，满足浅梁要求，并且其材料特性、试验方法和试验结果较完整，同时均符合本计算方法的假定条件。

本章试件与计算有关的已知参数数据见表 4.1，文献[12]～文献[14]中各试件尺寸和部分材料性能数据，即相关参数见表 4.2～表 4.4。表 4.1～表 4.4 中共有 42个试件。所有试件的破坏模式均列于表中，根据破坏模式采用本章提出的不同计算方法进行计算。

表 4.1　本章试验梁相关参数

试件编号	l_0/h	f_{cu}/MPa	f_c/MPa	$b \times h$	A_s/mm^2	A_f/mm^2	破坏模式
W2-C-1-30-2	2	30.39	18.07	150mm×500mm	200	0.167×150	碳纤维布拉断+剥离
W3-C-1-30-3	3	39.41	28.44	150mm×500mm	257	0.167×150	碳纤维布拉断+剥离
W4-C-1-30-4	4	38.11	32.62	150mm×500mm	314	0.167×150	碳纤维布拉断+剥离
W5-C-1-30-4	5	39.07	28.09	150mm×500mm	314	0.167×150	碳纤维布拉断+剥离
W6-C-1-30-4	6	37.72	24.75	150mm×500mm	314	0.167×150	碳纤维布拉断+剥离
W4-0-0-30-4	4	32.95	22.67	150mm×500mm	314	0.167×150	适筋破坏
W4-C-1-20-4	4	35.60	26.67	150mm×500mm	314	0.167×150	碳纤维布拉断+剥离
W4-C-1-40-4	4	43.85	38.37	150mm×500mm	314	0.167×150	碳纤维布拉断+剥离
W4-C-1-30-6	4	35.49	21.91	150mm×500mm	452	0.167×150	混凝土压碎+剥离
W4-C-1-30-8	4	32.18	23.59	150mm×500mm	615	0.167×150	混凝土压碎+剥离
W4-C-2-30-4	4	36.38	29.63	150mm×500mm	314	0.167×300	界限+剥离

表 4.2　文献[12]的试验梁相关参数

试件编号	l_0/h	f_{cu}/MPa	f_c/MPa	$b \times h$	A_s/mm^2	A_f/mm^2	破坏模式
WLc1	5.14	39	32.8	150mm×300mm	307.72	未加固	混凝土压碎
WLc2	5.14	39	32.8	150mm×300mm	307.72	未加固	混凝土压碎
WLc3	5.14	39	32.8	150mm×300mm	307.72	0.111×140	碳纤维布拉断
WLc4	5.14	39	32.8	150mm×300mm	307.72	0.111×140	碳纤维布拉断
WLc	5.14	39	32.8	150mm×300mm	307.72	0.111×140	界面剥离
WLc6	5.14	39	32.8	150mm×300mm	307.72	0.111×140	碳纤维布拉断
WLc7	5.14	39	32.8	150mm×300mm	307.72	0.111×140×3	保护层剥离
WLc8	5.14	39	32.8	150mm×300mm	307.72	0.111×140×3	保护层剥离
WLc9	5.14	39	32.8	150mm×300mm	307.72	0.111×140×3	保护层剥离
WLc16	5.14	39	32.8	150mm×300mm	307.72	0.111×140	界面剥离

表 4.3　文献[13]的试验梁相关参数

试件编号	l_0/h	f_{cu}/MPa	f_c/MPa	$b \times h$	A_s/mm^2	A_f/mm^2	破坏模式
BMI-1	10	25.5	20.5	100mm×200mm	100.5	未加固	适筋梁破坏
BMI-2	10	25.5	20.5	100mm×200mm	100.5	0.121×100	碳纤维布拉断
BMI-3	10	25.5	20.5	100mm×200mm	100.5	0.121×100	碳纤维布拉断
BMI-4	10	25.5	20.5	100mm×200mm	100.5	0.121×100×2	碳纤维布拉断
BMI-5	10	25.5	20.5	100mm×200mm	100.5	0.121×100×3	碳纤维布拉断
BMI-6	10	25.5	20.5	100mm×200mm	100.5	0.121×100×5	混凝土压碎
BMII-1	10	17.5	14.2	100mm×200mm	157	未加固	适筋梁破坏
BMII-2	10	17.5	14.2	100mm×200mm	157	0.121×100	碳纤维布拉断
BMII-3	10	17.5	14.2	100mm×200mm	157	0.121×100×2	碳纤维布拉断

表 4.4　文献[14]的试验梁相关参数

试件编号	l_0/h	f_{cu}/MPa	f_c/MPa	$b \times h$	A_s/mm^2	A_f/mm^2	破坏模式
A0	8.33	34.7	26.7	200mm×300mm	401.92	未加固	适筋梁破坏
A1	8.33	34.7	26.7	200mm×300mm	401.92	0.111×200×1	碳纤维布拉断
A2	8.33	34.7	26.7	200mm×300mm	401.92	0.111×200×2	局部脱黏
A3	8.33	34.7	26.7	200mm×300mm	401.92	0.111×200×3	局部脱黏
B0	8.33	34.7	26.7	200mm×300mm	602.88	未加固	适筋梁破坏
B1	8.33	34.7	26.7	200mm×300mm	602.88	0.111×200×1	碳纤维布拉断+脱黏
B2	8.33	34.7	26.7	200mm×300mm	602.88	0.111×200×2	局部脱黏
B3	8.33	34.7	26.7	200mm×300mm	602.88	0.111×200×3	局部脱黏
C0	8.33	34.7	26.7	200mm×300mm	803.84	未加固	适筋梁破坏
C1	8.33	34.7	26.7	200mm×300mm	803.84	0.111×200×1	碳纤维布拉断+脱黏
C2	8.33	34.7	26.7	200mm×300mm	803.84	0.111×200×2	局部脱黏
C3	8.33	34.7	26.7	200mm×300mm	803.84	0.111×200×3	局部脱黏

42 个试件的受弯承载力试验值和按本章方法得到的计算值见表 4.5～表 4.8。

表 4.5　本章试验梁的受弯承载力计算值与试验值的比较

试件编号	$M_u/(\text{kN}\cdot\text{m})$			$\dfrac{\text{试验值}}{\text{理论计算值}}$	$\dfrac{\text{试验值}}{\text{简化计算值}}$
	试验值	理论计算值	简化计算值		
W2-C-1-30-2	82.917	81.070	67.449	1.023	1.229
W3-C-1-30-3	88.250	89.325	73.977	0.988	1.193
W4-C-1-30-4	94.000	95.623	80.619	0.983	1.166
W5-C-1-30-4	94.550	91.994	79.749	1.028	1.186
W6-C-1-30-4	93.500	91.167	79.009	1.026	1.183
W4-0-0-30-4	74.330	71.729	53.325	1.036	1.394

续表

试件编号	M_u / (kN·m)			试验值/理论计算值	试验值/简化计算值
	试验值	理论计算值	简化计算值		
W4-C-1-20-4	94.330	93.587	79.384	1.008	1.188
W4-C-1-40-4	101.000	97.926	82.105	1.031	1.230
W4-C-1-30-6	119.630	120.480	116.530	0.993	1.027
W4-C-1-30-8	123.800	128.480	124.750	0.964	0.992
W4-C-2-30-4	118.330	114.240	100.260	1.036	1.180

表 4.6　文献[12]的试验梁的极限弯矩计算值与试验值的比较

试件编号	M_u / (kN·m)			试验值/理论计算值	试验值/简化计算值
	试验值	理论计算值	简化计算值		
WLc1	37.5	41.219	29.684	0.910	1.263
WLc2	38.4	41.219	29.684	0.932	1.294
WLc3	49.5	47.969	40.532	1.032	1.221
WLc4	49.5	47.969	40.532	1.032	1.221
WLc5	46.5	47.969	40.532	0.969	1.147
WLc6	49.8	47.969	40.532	1.038	1.229
WLc7	55.5	48.653	46.449	1.141	1.195
WLc8	57.0	48.653	46.449	1.172	1.227
WLc9	60.0	48.653	46.449	1.233	1.292
WLc16	46.5	47.969	40.532	0.969	1.147

表 4.7　文献[13]的试验梁的极限弯矩计算值与试验值的比较

试件编号	M_u / (kN·m)			试验值/理论计算值	试验值/简化计算值
	试验值	理论计算值	简化计算值		
BMI-1	7.750	8.296	5.948	0.934	1.303
BMI-2	10.375	11.354	9.406	0.914	1.103
BMI-3	10.75	11.354	9.406	0.947	1.143
BMI-4	11.875	12.255	11.412	0.969	1.041
BMI-5	12.625	13.122	12.571	0.962	1.004
BMI-6	17.000	17.397	12.847	0.977	1.323
BMII-1	8.000	8.659	5.939	0.924	1.347
BMII-2	11.000	10.981	9.406	1.002	1.169
BMII-3	13.500	11.810	11.568	1.143	1.167

表4.8　文献[14]的试验梁的极限弯矩计算值与试验值的比较

试件编号	$M_u / (kN \cdot m)$			试验值 理论计算值	试验值 简化计算值
	试验值	理论计算值	简化计算值		
A0	45.833	47.016	39.707	0.975	1.154
A1	62.083	59.979	53.722	1.035	1.156
A2	66.250	60.764	57.452	1.090	1.153
A3	70.000	63.359	61.319	1.105	1.142
B0	59.583	59.915	57.803	0.994	1.031
B1	70.417	72.771	71.022	0.968	0.991
B2	71.750	75.397	74.533	0.952	0.963
B3	85.667	78.437	78.173	1.092	1.096
C0	82.667	83.732	74.726	0.987	1.106
C1	88.417	91.571	87.149	0.966	1.015
C2	89.750	91.554	90.443	0.980	0.992
C3	97.917	94.719	93.855	1.034	1.043

对 42 个试件的受弯承载力试验值和计算值做统计分析可得如下结论。

（1）试验值与理论计算值之比的平均值为 1.012，均方差为 0.070，变异系数为 0.069。

（2）试验值与简化计算值之比的平均值为 1.158，均方差为 0.106，变异系数为 0.092。

综上，理论计算值和简化计算值均与试验结果符合较好，说明本章方法可用于碳纤维布加固钢筋混凝土短梁和浅梁的受弯承载力计算。

参 考 文 献

[1] 夏冬桃，徐世烺，夏广政. 钢/聚丙烯混杂纤维对 HPC 深梁受弯性能的影响[J]. 哈尔滨工业大学学报，2010，42（2）：313-316.

[2] 刘雨. 碳纤维布加固钢筋混凝土深梁的研究[J]. 施工技术，2014，43（s2）：362-366.

[3] 蔡柱. 碳纤维布加固钢筋混凝土深梁力学性能及试验研究[D]. 长春：长春工程学院，2017.

[4] LEE H K, CHEONG S H, HA S K, et al. Behavior and performance of RC T-section deep beams externally strengthened in shear with CFRP sheets[J]. Composite structures, 2011, 93(2):911-922.

[5] 夏广政，夏冬桃. 混杂纤维对高性能混凝土深梁抗弯性能影响的试验研究[J]. 建筑结构，2008，38（12）：81-83.

[6] 高丹盈，丁自强. 钢筋混凝土短梁正截面特性的试验研究[J]. 水力发电，1989（4）：44-49.

[7] 中华人民共和国住房和城乡建设部. 混凝土结构设计规范（2015 年版）：GB 50010—2010 [S]. 北京：中国建筑工业出版社，2010.

[8] AKBARZADEH BENGAR H, MAGHSOUDI A A. Experimental investigations and verification of debonding strain of RHSC continuous beams strengthened in flexure with externally bonded FRPs[J]. Materials and Structures, 2010,

43(6): 815-837.

[9] 滕锦光，陈建飞，史密斯 S T，等. FRP 加固混凝土结构[M]. 李荣，滕锦光，顾磊，译. 北京：中国建筑工业出版社，2005.

[10] TENG J G, SMITH S T, YAO J, et al. Intermediate crack-induced debonding in RC beams and slabs[J]. Construction and building materials, 2003, 17(6-7): 447-462.

[11] 中华人民共和国住房和城乡建设部，中华人民共和国国家质量监督检验检疫总局. 混凝土结构加固设计规范：GB 50367—2013[S]. 北京：中国建筑工业出版社，2013.

[12] 吴刚，安琳，吕志涛. 碳纤维布用于钢筋混凝土梁抗弯加固的试验研究[J]. 建筑结构，2000，30（7）：3-6,10.

[13] 赵彤，谢剑，戴自强. 碳纤维布加固钢筋混凝土梁的受弯承载力试验研究[J]. 建筑结构，2000，30（7）：11-15.

[14] 邓宗才. 碳纤维布增强钢筋混凝土梁抗弯力学性能研究[J]. 中国公路学报，2001，14（2）：45-49.

第5章 碳纤维布加固钢筋混凝土短梁抗弯刚度计算方法

5.1 引　　言

总结国内外对碳纤维布加固钢筋混凝土浅梁抗弯刚度的计算发现，学者对碳纤维布加固钢筋混凝土浅梁抗弯刚度计算的研究较多，计算方法包括一般方法、实用计算法和有限元软件分析法，但缺乏对碳纤维布加固钢筋混凝土短梁抗弯刚度计算的研究。

基于第 3 章试验测得的碳纤维布加固钢筋混凝土短梁弯矩-曲率（弯矩-抗弯刚度）全过程曲线的特点，本章在采用合理计算假定的前提下，提出了弯矩-抗弯刚度全过程曲线的计算模型，为碳纤维布加固钢筋混凝土短梁变形（挠度和转角）计算提供理论依据，也为超静定结构的内力和变形分析提供构件截面抗弯刚度的计算方法。

5.2 抗弯刚度计算模型

根据第 3 章测得的试件的弯矩-曲率和弯矩-抗弯刚度曲线，可得出构件的弯矩-曲率曲线特征如图 5.1 所示，弯矩-抗弯刚度曲线特征如图 5.2 所示。开裂弯矩 M_{cr}（对应开裂曲率 ϕ_{cr} 和开裂刚度 B_0）、屈服弯矩 M_y（对应屈服曲率 ϕ_y 和屈服刚度 B_y）和极限弯矩 M_u（对应极限曲率 ϕ_u 和极限刚度 B_u）3 个特征值，将图 5.1 和图 5.2 的曲线都划分为以下 3 个不同的阶段。

（1）混凝土开裂前阶段。

（2）混凝土开裂到受拉钢筋屈服阶段。

（3）钢筋屈服到极限状态阶段。

下面分析图 5.2 中的 6 个特征值（M_{cr}、B_0、M_y、B_y、M_u 和 B_u）和 3 段刚度线是如何计算确定的。

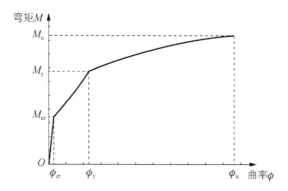

图 5.1　弯矩-曲率曲线特征

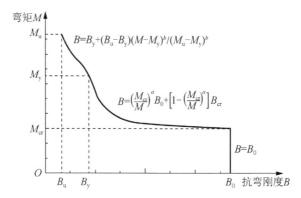

图 5.2　弯矩-抗弯刚度曲线特征

5.2.1　计算假定

3 个不同受力阶段采用的计算假定如下。

（1）混凝土开裂前阶段，构件截面上的材料都处于弹性阶段。

（2）混凝土开裂到受拉钢筋屈服阶段。混凝土受压区应变一般小于峰值应变，假设混凝土为线弹性材料；受拉钢筋仍处于弹性工作状态，其应力-应变关系符合胡克定律；截面的平均应变符合平截面假定，对短梁考虑内力臂修正系数 α_d，α_d 的计算方法同 4.4.1 节；不考虑开裂截面受拉区混凝土的拉力。

（3）钢筋屈服到极限状态阶段，同 4.4.1 节的基本假定。

5.2.2　混凝土开裂前阶段

混凝土开裂前阶段的混凝土尚未开裂，因此可按弹性理论，把钢筋和碳纤维布等效为混凝土材料，从而建立截面参数计算公式。中性轴距离受压混凝土边缘的高度 x_0 及截面惯性矩 I_0 的计算公式如下：

$$x_0 = \frac{bh^2 / 2 + (\alpha_{\mathrm{E}} - 1)A_{\mathrm{s}}h_0 + \alpha_{\mathrm{f}}A_{\mathrm{f}}h}{bh + (\alpha_{\mathrm{E}} - 1)A_{\mathrm{s}} + \alpha_{\mathrm{f}}A_{\mathrm{f}}} \qquad (5.1)$$

$$I_0 = \frac{1}{3}bx_0^{\,3} + \frac{1}{3}b(h - x_0)^3 + (\alpha_{\mathrm{E}} - 1)A_{\mathrm{s}}(h_0 - x_0)^2 + \alpha_{\mathrm{f}}A_{\mathrm{f}}(h - x_0)^2 h \qquad (5.2)$$

式中：α_{E}、α_{f} 分别为弹性模量比值，$\alpha_{\mathrm{E}} = E_{\mathrm{s}}/E_{\mathrm{c}}$，$\alpha_{\mathrm{f}} = E_{\mathrm{f}}/E_{\mathrm{c}}$，$E_{\mathrm{s}}$、$E_{\mathrm{c}}$、$E_{\mathrm{f}}$ 分别为钢筋弹性模量、混凝土弹性模量、碳纤维布弹性模量；b、h、h_0 分别为梁宽、梁高、受拉钢筋合力作用点至梁受压边缘距离；A_{s}、A_{f} 分别为受拉钢筋截面面积、碳纤维布面积。

式（5.2）中 I_0 为未开裂截面惯性矩，截面刚度为

$$B = B_0 = E_{\mathrm{c}}I_0 \qquad (5.3)$$

开裂弯矩为

$$M_{\mathrm{cr}} = \gamma_{\mathrm{m}}f_{\mathrm{t}}I_0 / (h - x_0) \qquad (5.4)$$

式中：f_{t} 为混凝土抗拉强度；γ_{m} 为截面抵抗矩塑性系数，本章参考钢筋混凝土梁，取 1.75。

5.2.3 混凝土开裂到受拉钢筋屈服阶段

从混凝土开裂到受拉钢筋屈服阶段受压区混凝土最大压应变小于峰值压应变，为简化计算假定受压混凝土为线弹性材料，该阶段构件截面受力如图 5.3 所示。图 5.3 中，C 为受压混凝土的合力；σ_{s}、A_{s} 分别为钢筋的拉应力和面积；σ_{f}、A_{fe} 分别为碳纤维布的拉应力和有效面积，其中 A_{fe} 等于碳纤维布的实际面积 A_{f} 乘以厚度折减系数 K_{m}，K_{m} 可参考《混凝土结构加固设计规范》（GB 50367—2013）确定。

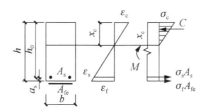

图 5.3 截面受力图

当受拉钢筋屈服时（$\sigma_{\mathrm{f}} = f_{\mathrm{y}}$），由力的平衡条件得

$$f_{\mathrm{y}}A_{\mathrm{s}} + \sigma_{\mathrm{f}}A_{\mathrm{fe}} - \frac{1}{2}bx_{\mathrm{c}}\sigma_{\mathrm{c}} = 0 \qquad (5.5)$$

$$E_{\mathrm{s}}\varepsilon_{\mathrm{y}}A_{\mathrm{s}} + E_{\mathrm{f}}\varepsilon_{\mathrm{f}}A_{\mathrm{fe}} - \frac{1}{2}bx_{\mathrm{c}}E_{\mathrm{c}}\varepsilon_{\mathrm{c}} = 0 \qquad (5.6)$$

式中：f_y、σ_c、x_c 分别为受拉钢筋屈服强度、混凝土压应力、受拉钢筋屈服时混凝土受压区高度。

钢筋屈服应变已知 $\left(\varepsilon_y = f_y / E_s\right)$，由应变的相似三角形关系得混凝土和碳纤维布应变为

$$\begin{cases} \varepsilon_c = \dfrac{\varepsilon_y x_c}{h_0 - x_c} \\[3mm] \varepsilon_f = \dfrac{\varepsilon_y (h - x_c)}{h_0 - x_c} \end{cases} \tag{5.7}$$

将混凝土和碳纤维布材料应变表达式代入方程式（5.6）中得

$$E_s \varepsilon_y A_s + E_f \frac{\varepsilon_y (h - x_c)}{h_0 - x_c} A_{fe} - \frac{1}{2} b x_c E_c \frac{\varepsilon_y x_c}{h_0 - x_c} = 0 \tag{5.8}$$

求解方程式（5.8），得到 x_c，则屈服弯矩为

$$M_y = E_s \varepsilon_y A_s \alpha_d \left(h_0 - \frac{x_c}{3} \right) + E_f \varepsilon_f A_f \alpha_d \left(h - \frac{x_c}{3} \right) \tag{5.9}$$

受拉钢筋屈服时，开裂截面惯性矩 I_{cr} 的计算公式如下：

$$I_{cr} = \frac{1}{3} b x_c^3 + (\alpha_E - 1) A_s (h_0 - x_c)^2 + \alpha_f A_f (h - x_c)^2 \tag{5.10}$$

裂缝截面惯性矩 I_{cr} 是沿构件轴线各截面惯性矩中的最小值，则有裂缝截面的刚度为

$$B_{cr} = E_c I_{cr} \tag{5.11}$$

混凝土开裂到受拉钢筋屈服阶段构件截面平均刚度 B 介于 B_0 和 B_{cr} 之间，且随弯矩值的增大而减小。

对于普通钢筋混凝土梁，按照美国的《混凝土结构设计规范》（ACI 318—05），梁在使用阶段的有效刚度为

$$B_{eff} = E_c I_{eff} = \left(\frac{M_{cr}}{M} \right)^3 E_c I_0 + \left[1 - \left(\frac{M_{cr}}{M} \right)^3 \right] E_c I_{cr} \tag{5.12}$$

根据第 3 章的碳纤维布加固钢筋混凝土短梁弯矩-抗弯刚度曲线数据，按照式（5.12）的模式，采用非线性回归方法得到考虑跨高比影响的碳纤维布加固钢筋混凝土短梁的抗弯刚度计算公式为

$$B = \left(\frac{M_{cr}}{M} \right)^a B_0 + \left[1 - \left(\frac{M_{cr}}{M} \right)^a \right] B_{cr} \tag{5.13}$$

式中：$a = 8 - l / h$，$2 \leqslant l / h \leqslant 5$，其中跨高比 $l / h > 5$ 时，$a = 3$，与普通浅梁有效刚度一致。

当弯矩 M 为屈服弯矩 M_y 时，此时计算的试件屈服刚度 B_y 为

$$B_y = \left(\frac{M_{cr}}{M_y}\right)^a B_0 + \left[1 - \left(\frac{M_{cr}}{M_y}\right)^a\right]B_{cr} \qquad (5.14)$$

5.2.4 钢筋屈服到极限状态阶段

由 3.2 节试件的破坏形态分析可知，试验梁主要发生了碳纤维布拉断+剥离破坏和混凝土压碎+剥离破坏两种弯曲破坏模式。第 4 章分别建立了两种破坏模式梁的受弯承载力 M_u 理论计算公式。本节中 M_u 的计算同 4.4.2 节。ϕ_u 的计算如下。

（1）对于碳纤维布拉断+剥离破坏，有

$$\phi_u = \frac{0.9\varepsilon_{fu}}{(h - x_c)/\alpha_d} = \frac{0.9\varepsilon_{fu}\alpha_d}{h - x_c} \qquad (5.15)$$

（2）对于混凝土压碎+剥离破坏，有

$$\phi_u = \frac{\varepsilon_{cu}/x_c}{\alpha_d} \qquad (5.16)$$

极限状态时的极限抗弯刚度为

$$B_u = \frac{M_u}{\phi_u} \qquad (5.17)$$

钢筋屈服到极限状态阶段构件截面抗弯刚度 B 介于 B_y 和 B_u 之间，且随弯矩值的增大而减小。根据第 3 章的碳纤维布加固钢筋混凝土短梁弯矩-抗弯刚度曲线试验数据，采用非线性回归方法，得到的从钢筋屈服到极限状态阶段考虑跨高比影响的碳纤维布加固钢筋混凝土梁抗弯刚度计算公式为

$$B = B_y + \frac{(B_u - B_y)(M - M_y)^b}{(M_u - M_y)^b} \qquad (5.18)$$

式中：$b = 0.5 + 0.1(l/h - 2)$，$2 \leqslant l/h \leqslant 6$。

当弯矩 M 为受弯承载力 M_u 时，此时试件的抗弯刚度为

$$B = B_u \qquad (5.19)$$

5.3　弯矩-曲率、弯矩-抗弯刚度的计算值和试验值对比

按 5.2 节抗弯刚度计算模型计算的 3 个弯矩（开裂弯矩、屈服弯矩和极限弯矩）计算值与试验值的对比见表 5.1。从表 5.1 中的平均值、均方差和变异系数可以看出，计算值与试验值吻合良好。

表 5.1　开裂弯矩、屈服弯矩和极限弯矩计算值和试验值对比

试件编号	M_{cr}/(kN·m)		试验值 计算值	M_y/(kN·m)		试验值 计算值	M_u/(kN·m)		试验值 计算值
	试验值	计算值		试验值	计算值		试验值	计算值	
W2-C-1-30-2	26.67	26.19	1.018	41.51	41.82	0.993	82.92	81.07	1.023
W3-C-1-30-3	27.00	30.38	0.889	52.41	51.08	1.026	88.25	89.33	0.988
W4-C-1-30-4	33.33	28.91	1.153	62.95	59.77	1.053	94.00	95.62	0.983
W5-C-1-30-4	27.08	31.90	0.849	59.53	59.32	1.004	94.55	91.99	1.028
W6-C-1-30-4	30.50	27.92	1.092	63.22	59.53	1.062	93.50	91.17	1.026
W4-0-0-30-4	22.17	21.24	1.044	50.99	52.51	0.971	74.33	71.73	1.036
W4-C-1-20-4	27.67	25.27	1.095	51.47	59.41	0.866	94.33	93.59	1.008
W4-C-1-40-4	38.33	32.25	1.189	56.82	59.89	0.949	101.00	97.93	1.031
W4-C-1-30-6	27.50	22.98	1.197	98.26	102.86	0.955	119.63	120.48	0.993
W4-C-1-30-8	30.67	27.63	1.110	108.33	107.53	1.007	123.80	128.48	0.964
W4-C-2-30-4	32.67	26.13	1.250	63.42	65.97	0.961	118.33	114.24	1.036
平均值			1.080			0.986			1.010
均方差			0.125			0.055			0.025
变异系数			0.115			0.056			0.025

　　按 5.2 节抗弯刚度计算模型计算的 3 个曲率（开裂曲率、屈服曲率和极限曲率）计算值与试验值的对比见表 5.2。从表 5.2 中的平均值、均方差和变异系数可以看出，计算值与试验值吻合良好。

表 5.2　开裂曲率、屈服曲率和极限曲率计算值和试验值对比

试件编号	ϕ_{cr} /(10⁻⁴ m⁻¹)		试验值 计算值	ϕ_y /(10⁻² m⁻¹)		试验值 计算值	ϕ_u /(10⁻² m⁻¹)		试验值 计算值
	试验值	计算值		试验值	计算值		试验值	计算值	
W2-C-1-30-2	8.60	6.16	1.396	0.523	0.475	1.101	3.946	3.995	0.988
W3-C-1-30-3	7.80	7.26	1.074	0.461	0.460	1.002	3.675	3.560	1.032
W4-C-1-30-4	6.71	7.45	0.901	0.640	0.532	1.203	3.313	3.328	0.995
W5-C-1-30-4	10.90	9.79	1.113	0.603	0.478	1.262	3.156	3.195	0.988
W6-C-1-30-4	8.30	7.90	1.051	0.652	0.489	1.333	2.840	3.215	0.883
W4-0-0-30-4	9.98	8.94	1.116	0.592	0.553	1.071	4.965	4.363	1.138
W4-C-1-20-4	7.52	7.66	0.982	0.453	0.578	0.784	3.367	3.391	0.993
W4-C-1-40-4	7.29	8.10	0.900	0.401	0.468	0.857	2.970	3.308	0.898
W4-C-1-30-6	7.68	7.50	1.024	0.673	0.833	0.808	2.442	2.976	0.821
W4-C-1-30-8	10.60	11.10	0.955	0.753	0.783	0.962	2.686	2.971	0.904
W4-C-2-30-4	8.82	7.70	1.145	0.568	0.593	0.958	4.302	3.556	1.210
平均值			1.060			1.031			0.986
均方差			0.140			0.182			0.113
变异系数			0.132			0.177			0.115

按 5.2 节抗弯刚度计算模型计算 3 个刚度（开裂刚度、屈服刚度和极限刚度）计算值与试验值的对比见表 5.3。从表 5.3 中的平均值、均方差和变异系数可以看出，计算值与试验值吻合良好。

表 5.3　开裂刚度、屈服刚度和极限刚度计算值和试验值对比

试件编号	B_0 /(10^4 kN·m^2)		试验值 计算值	B_y /(10^4 kN·m^2)		试验值 计算值	B_u /(10^3 kN·m^2)		试验值 计算值
	试验值	计算值		试验值	计算值		试验值	计算值	
W2-C-1-30-2	3.10	4.25	0.729	0.79	0.88	0.898	2.10	2.03	1.034
W3-C-1-30-3	3.46	4.18	0.828	1.14	1.11	1.027	2.40	2.51	0.956
W4-C-1-30-4	4.97	3.88	1.281	0.98	1.12	0.875	2.84	2.87	0.990
W5-C-1-30-4	2.48	3.26	0.761	0.99	1.24	0.798	3.00	2.88	1.042
W6-C-1-30-4	3.68	3.53	1.042	0.97	1.22	0.795	3.29	2.84	1.158
W4-0-0-30-4	2.22	2.38	0.933	0.86	0.95	0.905	1.50	1.64	0.915
W4-C-1-20-4	3.68	3.30	1.115	1.14	1.03	1.107	2.80	2.76	1.014
W4-C-1-40-4	5.26	3.98	1.322	1.42	1.28	1.109	3.40	2.96	1.149
W4-C-1-30-6	3.58	3.06	1.170	1.46	1.23	1.187	4.90	4.05	1.210
W4-C-1-30-8	2.89	2.49	1.161	1.44	1.37	1.051	4.61	4.32	1.067
W4-C-2-30-4	3.71	3.39	1.094	1.12	1.11	1.009	2.75	3.21	0.857
平均值			1.040			0.978			1.036
均方差			0.202			0.132			0.107
变异系数			0.194			0.135			0.103

弯矩-曲率曲线和弯矩-抗弯刚度曲线的计算值与试验值的对比如图 5.4～图 5.14 所示。从图 5.4～图 5.14 中两条曲线的对比也可以看出，抗弯刚度计算模型的计算值和试验值符合较好。表 5.1～表 5.3 和图 5.4～图 5.14 中的数据对比均验证了 5.2 节提出的抗弯刚度计算模型、计算方法和计算公式的正确性。

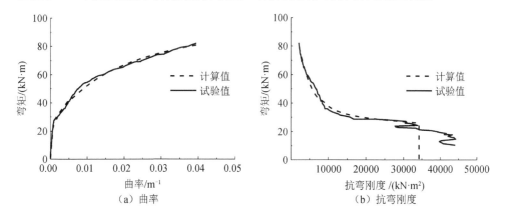

（a）曲率　　　　　　　　　　　（b）抗弯刚度

图 5.4　试件 W2-C-1-30-2

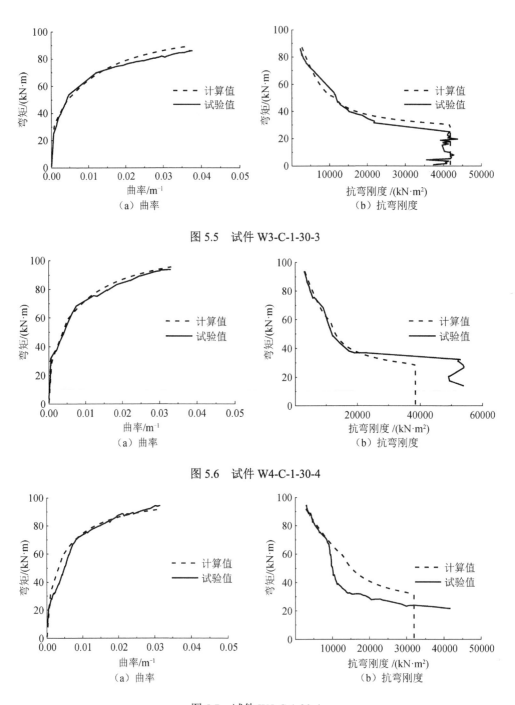

图 5.5　试件 W3-C-1-30-3

图 5.6　试件 W4-C-1-30-4

图 5.7　试件 W5-C-1-30-4

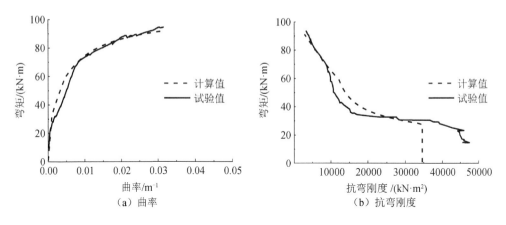

图 5.8　试件 W6-C-1-30-4

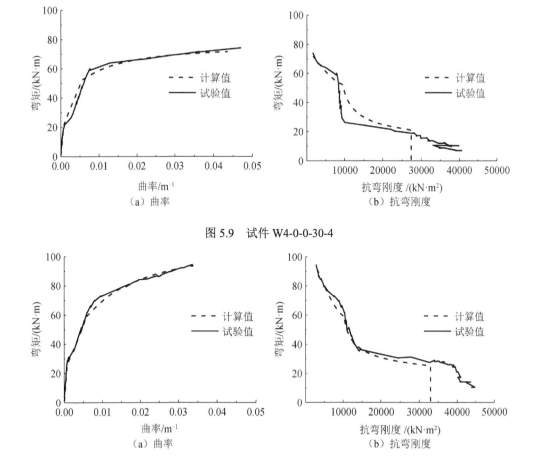

图 5.9　试件 W4-0-0-30-4

图 5.10　试件 W4-C-1-20-4

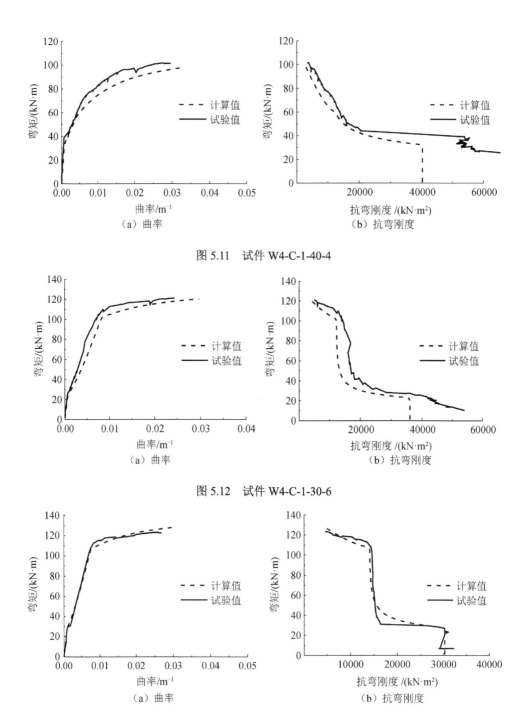

（a）曲率   （b）抗弯刚度

图 5.11   试件 W4-C-1-40-4

（a）曲率   （b）抗弯刚度

图 5.12   试件 W4-C-1-30-6

（a）曲率   （b）抗弯刚度

图 5.13   试件 W4-C-1-30-8

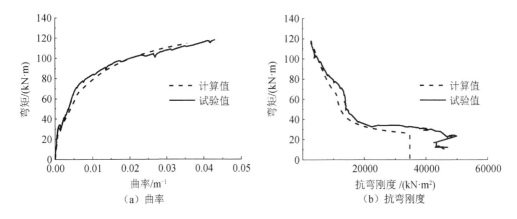

图 5.14　试件 W4-C-2-30-4

5.4　转角的计算值和试验值对比

根据虚功原理，虚梁上外力对实梁变形所做的功，等于虚梁内力对实梁上相应变形所做功的总和，故简支梁沿梁长任意一点 A 的转角 θ_A 计算公式为

$$\theta_A = \sum \int \frac{\overline{M}M_P}{EI}dx + \sum \int \frac{k\overline{V}V_P}{GA}dx = \sum \int \frac{\overline{M}M_P}{B}dx + \sum \int \frac{k\overline{V}V_P}{GA}dx \qquad (5.20)$$

式中：$\sum \int \dfrac{k\overline{V}V_P}{GA}dx$ 为剪力产生的转角；$\overline{M}$ 为 A 点单位力矩作用下虚梁的弯矩；M_P 为三分点集中加载作用下实梁的弯矩；B 为实梁的截面抗弯刚度，$B = EI$；$\overline{V}$ 是 A 点单位力矩作用下虚梁的剪力，其剪力图为对称图形；V_P 为三分点集中加载作用下实梁的剪力，其剪力图为反对称图形，以上两剪力图形的乘积为零，因此不考虑剪力产生的转角 θ_A。

针对本章的加载情况，沿梁长任意一点 A 的转角 θ_A 计算公式为

$$\theta_A = \sum \int \frac{\overline{M}M_P}{EI}dx = \sum \int \frac{\overline{M}M_P}{B}dx = \sum \int \overline{M}\left(\frac{1}{\rho_P}\right)dx \qquad (5.21)$$

式中：$1/\rho_P$ 为实梁的截面平均曲率。

因为沿梁长各个截面的弯矩值不同，裂缝开展情况不同，所以 B 和 $1/\rho_P$ 沿梁长都为变化的值，B 和 $1/\rho_P$ 采用 5.2 节提出抗弯刚度计算模型。$\overline{M}$ 弯矩图为直线，式（5.21）可用图乘法计算，将曲率 $1/\rho_P$ 分成 n 段，计算各段的面积 Ω_i，确定其形心位置 x_i，在虚梁的相同位置（x_i）找到单位力矩作用下的弯矩（$\overline{M}$）图上的相应弯矩值（z_i），则式（5.21）等效为

$$\theta_A = \sum_{i=1}^{n} k \Omega_i z_i \qquad (5.22)$$

式中：k 为等效系数。

为了计算精确，需将 n 值尽可能取大一些，因此采用 MATLAB 编程进行数值积分运算。

各试件不同位置转角的计算值和试验值对比如图5.15～图5.25所示。从图5.15～图5.25中可以看出，在集中力加载点旁边的转角试验值与计算值对比偏差稍大，这是因为集中力加载点下的混凝土局部受压从而影响倾角仪的测量，支座位置的倾角仪测量值也会受支座混凝土局部受压的影响，避开以上位置选其他位置，得到的转角试验值和计算值对比见表5.4。

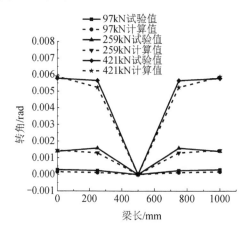

图 5.15　试件 W2-C-1-30-2

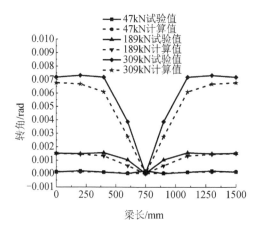

图 5.16　试件 W3-C-1-30-3

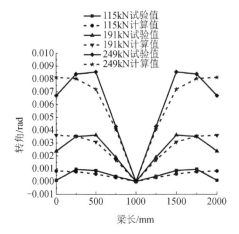

图 5.17　试件 W4-C-1-30-4

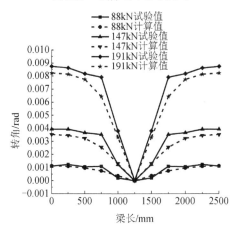

图 5.18　试件 W5-C-1-30-4

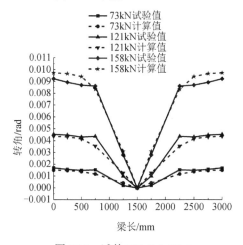

图 5.19　试件 W6-C-1-30-4

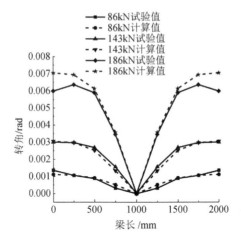

图 5.20　试件 W4-0-0-30-4

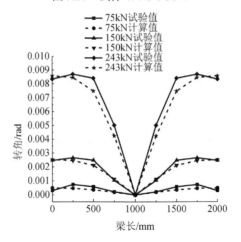

图 5.21　试件 W4-C-1-20-4

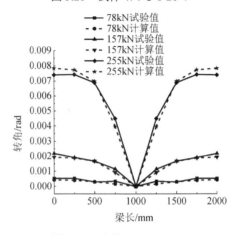

图 5.22　试件 W4-C-1-40-4

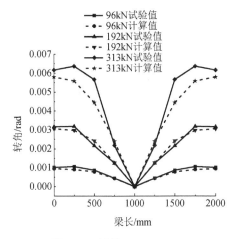

图 5.23　试件 W4-C-1-30-6

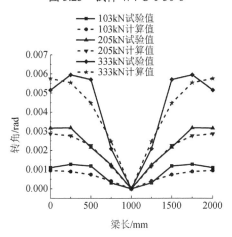

图 5.24　试件 W4-C-1-30-8

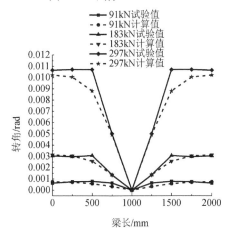

图 5.25　试件 W4-C-2-30-4

表 5.4　试件转角计算值和试验值对比

试件编号	第一荷载值转角/ (10⁻⁴rad)		试验值/计算值	第二荷载值转角/ (10⁻⁴rad)		试验值/计算值	第三荷载值转角/ (10⁻⁴rad)		试验值/计算值
	试验值	计算值		试验值	计算值		试验值	计算值	
W2-C-1-30-2	1.835	1.582	1.160	13.9	14.5	0.959	57.8	58.8	0.983
W3-C-1-30-3	1.654	1.282	1.290	14.9	14.5	1.028	73.2	66.9	1.094
W4-C-1-30-4	9.586	7.683	1.248	35.0	35.3	0.992	83.8	80.3	1.044
W5-C-1-30-4	10.600	9.643	1.099	36.7	32.4	1.133	81.7	77.4	1.056
W6-C-1-30-4	15.500	14.500	1.069	44.6	43.0	1.037	89.3	96.7	0.923
W4-0-0-30-4	10.600	10.700	0.991	29.7	29.7	1.000	63.7	69.4	0.918
W4-C-1-20-4	5.458	4.689	1.164	26.6	24.5	1.086	87.0	84.6	1.028
W4-C-1-40-4	5.347	4.034	1.325	19.2	18.8	1.021	74.3	77.4	0.960
W4-C-1-30-6	10.600	9.087	1.167	31.9	29.7	1.074	63.7	55.9	1.140
W4-C-1-30-8	12.500	9.000	1.389	31.9	27.7	1.152	59.4	55.4	1.072
W4-C-2-30-4	7.458	7.027	1.061	29.7	30.5	0.974	107.2	100.5	1.067
平均值			1.178			1.041			1.026
均方差			0.123			0.063			0.071
变异系数			0.104			0.061			0.070

　　从表 5.4 和图 5.15～图 5.25 中的对比均可以看出计算值和试验值吻合良好，验明了本章提出的弯矩-抗弯刚度计算模型的正确性。

第6章 碳纤维布加固钢筋混凝土短梁跨中挠度计算方法

6.1 引　　言

总结国内外对碳纤维布加固钢筋混凝土浅梁跨中挠度的计算发现，国内外学者对碳纤维布加固钢筋混凝土浅梁跨中挠度计算的研究较多，计算方法包括一般方法（曲率积分法）、实用计算法和有限元软件分析法。但缺乏对碳纤维布加固钢筋混凝土短梁跨中挠度计算的研究。

利用第 5 章碳纤维布加固钢筋混凝土短梁抗弯刚度全过程计算模型，在只考虑弯曲变形的情况下计算碳纤维布加固钢筋混凝土短梁的跨中挠度值，其计算值与试验值的误差较大，因此，必须考虑剪切变形对碳纤维布加固钢筋混凝土短梁跨中挠度的影响。基于碳纤维布加固钢筋混凝土短梁跨中挠度的试验结果和第 5 章已有的抗弯刚度计算模型，本章对第 5 章的抗弯刚度计算模型进行修正，提出考虑剪切变形影响的等效抗弯刚度计算模型。

6.2 考虑弯曲变形影响的跨中挠度计算

第 5 章提出了抗弯刚度全过程计算模型，本节用该模型来计算试件的跨中挠度 Δ。在只考虑弯曲变形影响的情况下，其跨中挠度计算公式为

$$\Delta = \sum \int \frac{\overline{M}M_{\mathrm{P}}}{EI} \mathrm{d}x = \sum \int \frac{\overline{M}M_{\mathrm{P}}}{B} \mathrm{d}x \qquad (6.1)$$

运用式（6.1）计算，一般有两种方法：一种为变刚度计算法，另一种为最小刚度法。试验过程中，同一级荷载作用下，梁各个截面弯矩不同，裂缝开展不同，所以抗弯刚度也是不同的，如图 6.1 所示。变刚度计算法的原理是按照每级荷载下各个截面不同抗弯刚度来计算跨中挠度，本章通过 MATLAB 自编程序运用数值积分来计算，将梁沿梁长划分成很多小段，对于每一小段，根据弯矩大小确定其对应的抗弯刚度，假定这一小段的抗弯刚度等值，按图乘法计算这一小段产生

的跨中挠度 $\int \dfrac{\overline{M}M_P}{B}\mathrm{d}x$，然后再把各小段的计算值叠加得到 $\sum \int \dfrac{\overline{M}M_P}{B}\mathrm{d}x$。最小刚度法是假定各级荷载下各段梁的抗弯刚度都与跨中抗弯刚度相同（图 6.1），因为跨中弯矩最大，其相应的抗弯刚度最小，计算出的跨中挠度偏大，虽然这样计算简单、方便实用，但是不能反映剪切变形对短梁跨中挠度的影响。

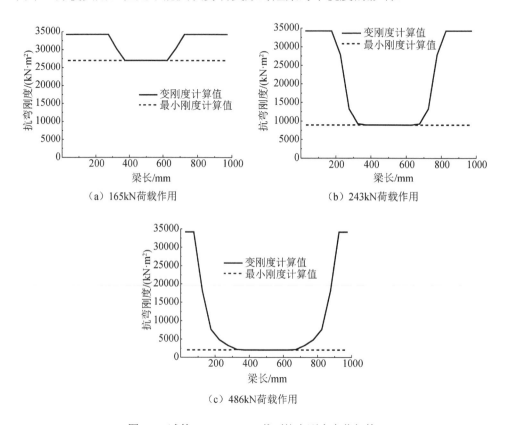

（a）165kN荷载作用　　　　　　　　　　（b）243kN荷载作用

（c）486kN荷载作用

图 6.1　试件 W2-C-1-30-2 截面抗弯刚度变化规律

　　本章采用两种方法进行计算，得到试件 W2-C-1-30-2～试件 W4-C-2-30-4 的荷载-跨中挠度曲线如图 6.2～图 6.12 所示。从图 6.2～图 6.12 中可以看出，变刚度计算法计算的跨中挠度值小于最小刚度法计算的跨中挠度值，最小刚度法计算的跨中挠度值大部分小于试验跨中挠度值。选取荷载-跨中挠度曲线 3 段线中每段线各点对应的混凝土开裂前、从开裂到屈服、从屈服到极限状态阶段荷载值和跨中挠度值做对比，见表 6.1～表 6.3。在表 6.1～表 6.3 中，偏差是指计算值与试验值相减的绝对值。

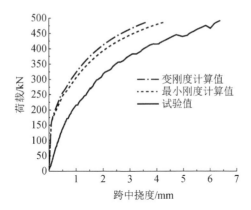

图 6.2　试件 W2-C-1-30-2 的荷载-跨中挠度曲线

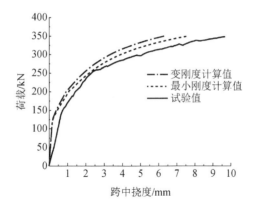

图 6.3　试件 W3-C-1-30-3 的荷载-跨中挠度曲线

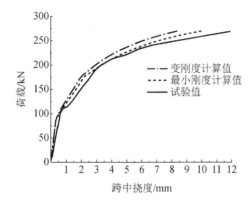

图 6.4　试件 W4-C-1-30-4 的荷载-跨中挠度曲线

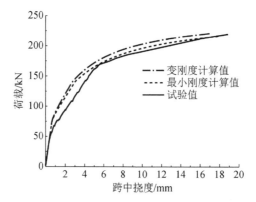

图 6.5   试件 W5-C-1-30-4 的荷载-跨中挠度曲线

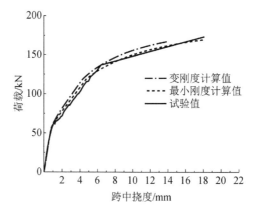

图 6.6   试件 W6-C-1-30-4 的荷载-跨中挠度曲线

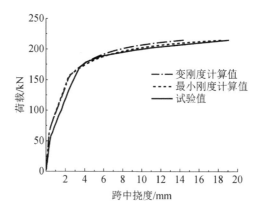

图 6.7   试件 W4-0-0-30-4 的荷载-跨中挠度曲线

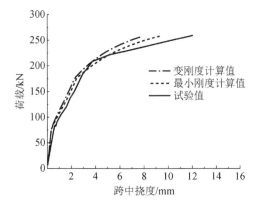

图 6.8   试件 W4-C-1-20-4 的荷载–跨中挠度曲线

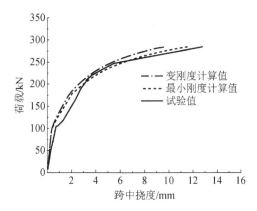

图 6.9   试件 W4-C-1-40-4 的荷载–跨中挠度曲线

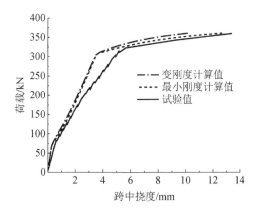

图 6.10   试件 W4-C-1-30-6 的荷载–跨中挠度曲线

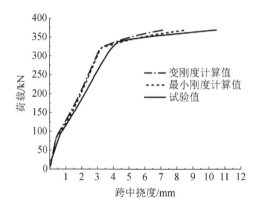

图 6.11　试件 W4-C-1-30-8 的荷载-跨中挠度曲线

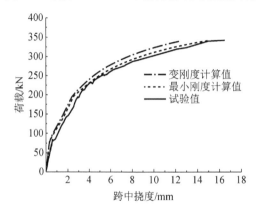

图 6.12　试件 W4-C-2-30-4 的荷载-跨中挠度曲线

表 6.1　混凝土开裂前阶段跨中挠度计算值和试验值对比

| 试件编号 | 荷载值/kN | 跨中挠度/mm | | | 变刚度计算偏差 | 变刚度计算偏差试验值/% | 最小刚度计算偏差 | 最小刚度计算偏差试验值/% |
		变刚度计算值	最小刚度计算值	试验值				
W2-C-1-30-2	87.5600	0.04539	0.04542	0.2926	0.24721	84.49	0.24718	84.48
W3-C-1-30-3	57.1680	0.08181	0.08188	0.2926	0.21079	72.04	0.21072	72.02
W4-C-1-30-4	51.6364	0.19043	0.19046	0.3128	0.12237	39.12	0.12234	39.11
W5-C-1-30-4	39.2508	0.34076	0.34506	0.3490	0.00824	2.36	0.00394	1.13
W6-C-1-30-4	36.4668	0.50478	0.50489	0.5050	0.00022	0.04	0.00011	0.02
W4-0-0-30-4	34.4299	0.17890	0.17893	0.2725	0.09360	34.35	0.09357	34.34
W4-C-1-20-4	44.9218	0.19325	0.19328	0.2999	0.10665	35.56	0.10662	35.55
W4-C-1-40-4	58.7556	0.20783	0.20786	0.3571	0.14927	41.80	0.14924	41.79
W4-C-1-30-6	43.3116	0.17038	0.17040	0.3080	0.13762	44.68	0.13760	44.68
W4-C-1-30-8	46.1556	0.21664	0.21667	0.6230	0.40636	65.23	0.40633	65.22
W4-C-2-30-4	54.8352	0.22462	0.22465	0.3867	0.16208	41.91	0.16205	41.91

表 6.2　混凝土开裂到钢筋屈服阶段跨中挠度计算值和试验值对比

试件编号	荷载值/kN	跨中挠度/mm			变刚度计算偏差	变刚度计算偏差试验值/%	最小刚度计算偏差	最小刚度计算偏差试验值/%
		变刚度计算值	最小刚度计算值	试验值				
W2-C-1-30-2	204.306	0.24336	0.28809	0.9183	0.67494	73.50	0.63021	68.63
W3-C-1-30-3	157.212	0.45401	0.53107	0.8378	0.38379	45.81	0.30673	36.61
W4-C-1-30-4	146.303	1.38636	1.56605	1.8867	0.50034	26.52	0.32065	17.00
W5-C-1-30-4	103.033	1.38550	1.56264	2.4507	1.06520	43.47	0.88806	36.24
W6-C-1-30-4	100.284	3.12900	3.47310	3.8648	0.73580	19.04	0.39170	10.14
W4-0-0-30-4	111.897	1.39970	1.35461	1.8365	0.43680	23.78	0.48189	26.24
W4-C-1-20-4	123.535	1.22344	1.37585	1.6493	0.42586	25.82	0.27345	16.58
W4-C-1-40-4	146.889	1.17807	1.34503	1.9196	0.74153	38.63	0.57457	29.93
W4-C-1-30-6	194.902	2.10724	2.19840	2.5432	0.43596	17.14	0.34480	13.56
W4-C-1-30-8	207.700	1.96437	2.04245	3.0133	1.04893	34.81	0.97085	32.22
W4-C-2-30-4	150.797	1.60671	1.76617	2.1395	0.53279	24.90	0.37333	17.45

表 6.3　钢筋屈服到极限状态阶段跨中挠度计算值和试验值对比

试件编号	荷载值/kN	跨中挠度/mm			变刚度计算偏差	变刚度计算偏差试验值/%	最小刚度计算偏差	最小刚度计算偏差试验值/%
		变刚度计算值	最小刚度计算值	试验值				
W2-C-1-30-2	379.426	1.56000	1.79853	3.0071	1.44710	48.12	1.20857	40.19
W3-C-1-30-3	285.840	2.82386	3.30024	4.0570	1.23314	30.40	0.75676	18.65
W4-C-1-30-4	240.970	5.29109	6.15824	6.7810	1.48991	21.97	0.62276	9.18
W5-C-1-30-4	196.254	8.38291	10.0201	11.5960	3.21309	27.71	1.57590	13.59
W6-C-1-30-4	154.984	9.77048	11.3726	12.1450	2.37452	19.55	0.77240	6.36
W4-0-0-30-4	189.365	5.55846	6.24665	6.2842	0.72574	11.55	0.03755	0.60
W4-C-1-20-4	224.609	4.70169	5.38726	5.7495	1.04781	18.22	0.36224	6.30
W4-C-1-40-4	246.774	5.10084	5.96530	6.0848	0.98396	16.17	0.11950	1.96
W4-C-1-30-6	332.056	5.43560	6.22133	7.3048	1.86920	25.59	1.08347	14.83
W4-C-1-30-8	353.860	5.40033	6.24764	6.3269	0.92657	14.64	0.07926	1.25
W4-C-2-30-4	274.176	5.72180	6.47765	7.1059	1.38410	19.48	0.62825	8.84

从表 6.1～表 6.3 中可以得到以下结论。

（1）混凝土开裂前阶段，变刚度计算法计算的跨中挠度偏差与试验值之比的最大值为 84.49%，最小刚度法计算的跨中挠度偏差与试验值之比的最大值为 84.49%。

（2）混凝土开裂到钢筋屈服阶段，变刚度计算法计算的跨中挠度偏差与试验值之比的最大值为 73.50%，最小刚度法计算的跨中挠度偏差与试验值之比的最大值为 68.63%。

（3）钢筋屈服到极限状态阶段，变刚度计算法计算的跨中挠度偏差与试验值之比的最大值为 48.12%，最小刚度法计算的跨中挠度偏差与试验值之比的最大值为 40.19%。

随跨高比的增加，偏差比值变化较大。因此，跨高比越小的构件，其剪切变形对跨中挠度的影响越大，为了准确计算短梁跨中挠度，必须考虑剪切变形对跨中挠度的影响。

6.3　考虑剪切变形影响的等效抗弯刚度计算模型

同时考虑弯曲变形和剪切变形影响，沿梁长任一位置的跨中挠度计算公式为

$$\Delta = \sum \int \frac{\overline{M}M_{\mathrm{P}}}{EI}\mathrm{d}x + \sum \int \frac{k\overline{V}V_{\mathrm{P}}}{GA}\mathrm{d}x \tag{6.2}$$

将式（6.2）进行变换，等效为等刚度浅梁的跨中挠度计算式，即

$$\Delta = \sum \int \frac{\overline{M}M_{\mathrm{P}}}{EI}\mathrm{d}x + \sum \int \frac{k\overline{V}V_{\mathrm{P}}}{GA}\mathrm{d}x = \int \frac{\overline{M}M_{\mathrm{P}}}{B_{\mathrm{eq}}}\mathrm{d}x \tag{6.3}$$

式中：B_{eq} 为考虑剪切变形影响且沿梁长等值的等效抗弯刚度。

针对本书的加载情况，按等效抗弯刚度计算的跨中挠度公式为

$$\Delta = \int \frac{\overline{M}M_{\mathrm{P}}}{B_{\mathrm{eq}}}\mathrm{d}x = \frac{23PL^3}{1296B_{\mathrm{eq}}} = \frac{23ML^2}{216B_{\mathrm{eq}}} \tag{6.4}$$

式中：P 为构件跨中上部加载点的荷载；M 为跨中弯矩；L 为梁跨度。

将试验测得的荷载-跨中挠度曲线的数据代入式（6.4）中计算，可以得到等效抗弯刚度 B_{eq} 的试验值。

B_{eq} 试验值与弯矩 M 的关系如图 6.13～图 6.23 中的试验等效值，用第 5 章提出的弯矩-抗弯刚度全过程曲线计算模型计算的等效抗弯刚度 B 与弯矩 M 的关系如图 6.13～图 6.23 所示。从图 6.13～图 6.23 中可以看出，抗弯刚度试验等效值一般小于抗弯刚度计算值，跨高比越小，二者差别越大。因为等效抗弯刚度包含了剪切变形的影响，跨高比越小，剪切变形越大，等效抗弯刚度与抗弯刚度差别越大。

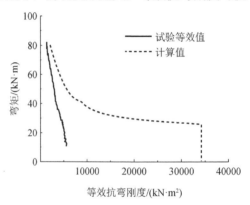

图 6.13　试件 W2-C-1-30-2

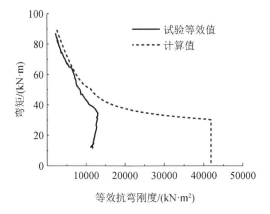

图 6.14　试件 W3-C-1-30-3

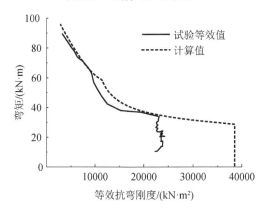

图 6.15　试件 W4-C-1-30-4

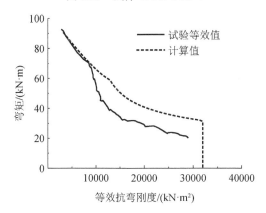

图 6.16　试件 W5-C-1-30-4

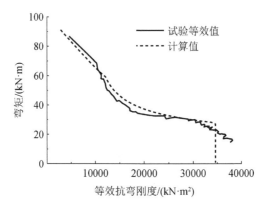

图 6.17　试件 W6-C-1-30-4

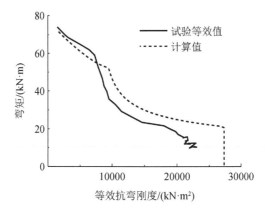

图 6.18　试件 W4-0-0-30-4

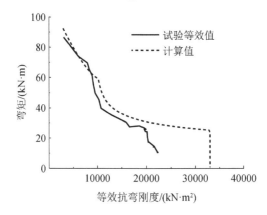

图 6.19　试件 W4-C-1-20-4

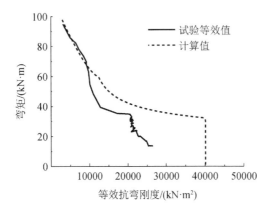

图 6.20　试件 W4-C-1-40-4

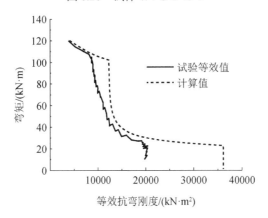

图 6.21　试件 W4-C-1-30-6

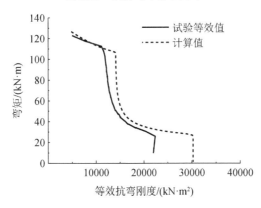

图 6.22　试件 W4-0-0-30-8

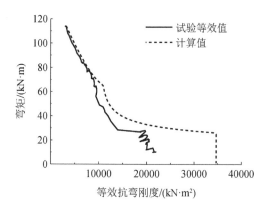

图 6.23　试件 W4-C-2-30-4

参照高层建筑结构中剪力墙等效抗弯刚度的计算方法，假定 B_{eq} 和 B 二者关系为

$$B_{eq} = B / (1 + \alpha) \qquad (6.5)$$

式中：$1+\alpha$ 为计算值/试验值，α 反映了剪切变形对跨中挠度的影响，是一个与跨高比、受力阶段都有关的系数。在开裂、屈服和极限 3 个特征点位置，用 B_{eq} 试验值与 5.2 节利用弯矩-抗弯刚度全过程曲线的计算模型计算的 B 值对比，采用非线性回归，得出 α 的表达式，具体计算过程见表 6.4～表 6.6。

表 6.4　开裂时系数 α 计算过程

试件编号	开裂附近弯矩值/(kN·m)	等效抗弯度试验值	抗弯刚度计算值	计算值/试验值	α	非线性回归 α 的表达式
W2-C-1-30-2	26.19	5447.11231	34608.98945	6.354	5.354	
W3-C-1-30-3	27.00	12951.40141	41819.99494	3.229	2.229	
W4-C-1-30-4	28.91	22648.61828	38491.95256	1.700	0.700	
W5-C-1-30-4	27.08	22855.61947	31937.09371	1.397	0.397	
W6-C-1-30-4	27.92	32300.83417	34608.86291	1.071	0.071	$32\left(\dfrac{l}{h}\right)^{-2.6}$
W4-0-0-30-4	21.24	17975.18869	27318.93104	1.520	0.520	
W4-C-1-20-4	25.27	19570.20717	32997.02950	1.686	0.686	
W4-C-1-40-4	32.25	21145.85652	40131.96180	1.898	0.898	
W4-C-1-30-6	22.98	20398.01735	36086.05343	1.769	0.769	
W4-C-1-30-8	27.63	22383.01645	30244.00313	1.351	0.351	
W4-C-2-30-4	26.13	20033.15607	34655.04218	1.730	0.730	

表 6.5　屈服时系数 α 计算过程

试件编号	屈服附近弯矩值/(kN·m)	等效抗弯度试验值	抗弯刚度计算值	计算值试验值	α	非线性回归 α 的表达式
W2-C-1-30-2	41.51	3351.38404	5854.10587	1.747	0.747	
W3-C-1-30-3	51.08	7909.16801	10233.00967	1.294	0.294	
W4-C-1-30-4	59.77	9734.25109	11147.41491	1.145	0.145	
W5-C-1-30-4	59.32	9804.78154	12513.36171	1.276	0.276	
W6-C-1-30-4	59.53	11214.82319	12126.82925	1.081	0.081	
W4-0-0-30-4	50.99	8184.77871	9583.55758	1.171	0.171	$2.3\left(\dfrac{l}{h}\right)^{-1.6}$
W4-C-1-20-4	51.47	9515.97448	10773.05444	1.132	0.132	
W4-C-1-40-4	56.82	10109.43556	12947.06704	1.281	0.281	
W4-C-1-30-6	98.26	8937.30338	12286.88577	1.375	0.375	
W4-C-1-30-8	107.53	11592.03311	14099.72387	1.216	0.216	
W4-C-2-30-4	63.42	9525.90481	11074.60624	1.163	0.163	

表 6.6　极限时系数 α 计算过程

试件编号	极限附近弯矩值/(kN·m)	等效抗弯度试验值	抗弯刚度计算值	计算值试验值	α	非线性回归 α 的表达式
W2-C-1-30-2	81.07	1383.46826	2029.61535	1.467	0.467	
W3-C-1-30-3	88.25	2156.72523	2750.07618	1.275	0.275	
W4-C-1-30-4	94.00	3204.40224	3829.69404	1.195	0.195	
W5-C-1-30-4	91.99	3232.41896	3330.94777	1.030	0.030	
W6-C-1-30-4	91.17	4596.88868	4680.02131	1.018	0.018	
W4-0-0-30-4	71.73	2688.06678	2696.61294	1.003	0.003	$1.89\left(\dfrac{l}{h}\right)^{-1.97}$
W4-C-1-20-4	93.59	3061.28820	3786.11201	1.237	0.237	
W4-C-1-40-4	97.93	3157.89872	3474.12734	1.100	0.100	
W4-C-1-30-6	119.63	5245.41691	6150.18295	1.172	0.172	
W4-C-1-30-8	123.8	5133.83324	6083.92196	1.185	0.185	
W4-C-2-30-4	114.24	3346.85726	3471.0854	1.037	0.037	

　　因此，在第 5 章弯矩-抗弯刚度全过程曲线的计算模型的基础上，为了考虑剪切变形的影响，根据对本章试验结果的分析，碳纤维布加固钢筋混凝土短梁抗弯刚度与受力阶段和跨高比有关，具体如下。

　　（1）开裂前，有

$$B_{eq} = B_0 / [1 + 32(l/h)^{-2.6}] \qquad (6.6)$$

（2）屈服时，有

$$B_{eq} = B_{cr} / [1 + 2.3(l/h)^{-1.6}] \qquad (6.7)$$

（3）极限时，有

$$B_{eq} = B_{u} / [1 + 1.89(l/h)^{-1.97}] \qquad (6.8)$$

按照上述公式和第 5 章抗弯刚度全过程计算方法，计算的等效抗弯刚度全过程曲线和试验的等效抗弯刚度全过程曲线对比如图 6.24～图 6.34 所示，从图 6.24～图 6.34 中可以看出，等效抗弯刚度计算值与试验值吻合良好。

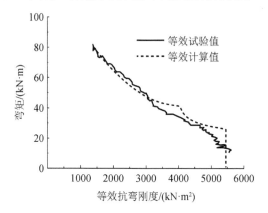

图 6.24　试件 W2-C-1-30-2

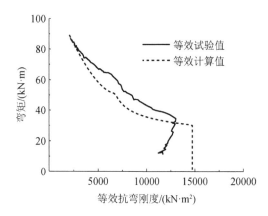

图 6.25　试件 W3-C-1-30-3

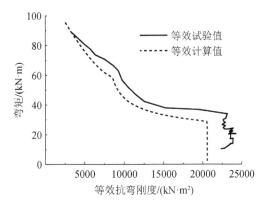

图 6.26　试件 W4-C-1-30-4

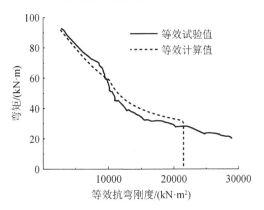

图 6.27　试件 W5-C-1-30-4

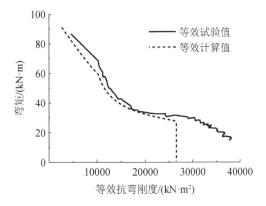

图 6.28　试件 W6-C-1-30-4

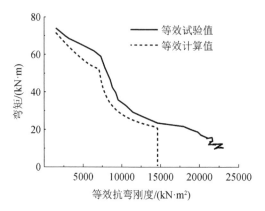

图 6.29   试件 W4-0-0-30-4

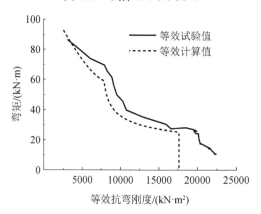

图 6.30   试件 W4-C-1-20-4

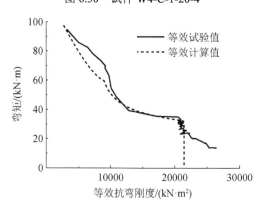

图 6.31   试件 W4-C-1-40-4

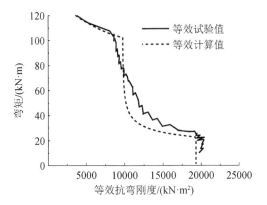

图 6.32　试件 W4-C-1-30-6

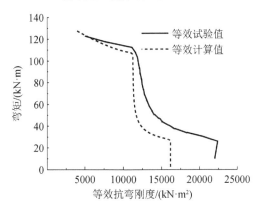

图 6.33　试件 W4-C-1-30-8

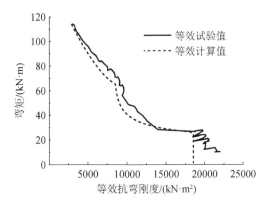

图 6.34　试件 W4-C-2-30-4

6.4 按等效抗弯刚度计算模型计算的跨中挠度值 和试验值对比

为了验证 6.3 节提出的等效抗弯刚度计算模型的正确性，用等效抗弯刚度模型计算跨中挠度值，计算公式为

$$\Delta = \frac{23ML^2}{216B_{eq}}$$ （6.9）

按等效抗弯刚度计算的跨中挠度计算值与试验值对比如图 6.35～图 6.45 所示。从图 6.35～图 6.45 中数据对比可以看出，两者吻合较好。

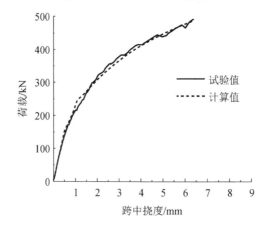

图 6.35 试件 W2-C-1-30-2

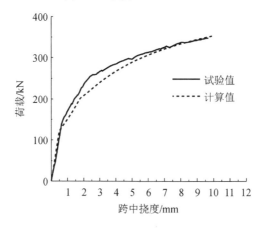

图 6.36 试件 W3-C-1-30-3

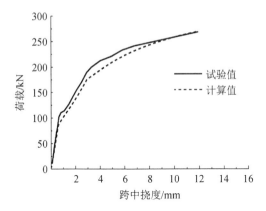

图 6.37　试件 W4-C-1-30-4

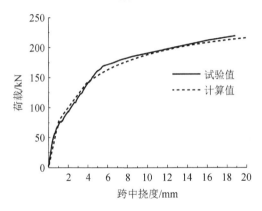

图 6.38　试件 W5-C-1-30-4

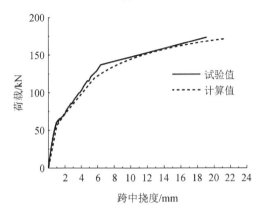

图 6.39　试件 W6-C-1-30-4

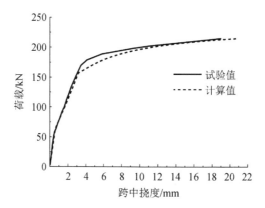

图 6.40　试件 W4-0-0-30-4

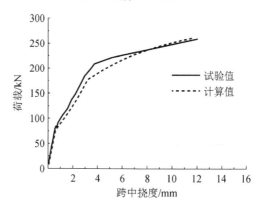

图 6.41　试件 W4-C-1-20-4

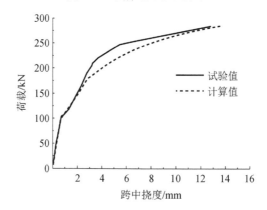

图 6.42　试件 W4-C-1-40-4

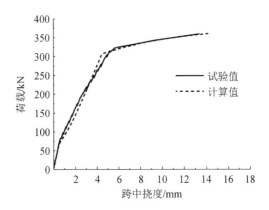

图 6.43　试件 W4-C-1-30-6

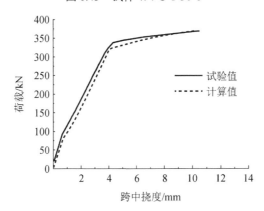

图 6.44　试件 W4-C-1-30-8

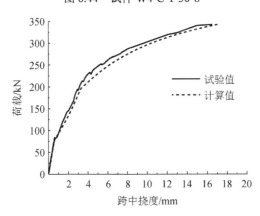

图 6.45　试件 W4-C-2-30-4

选取每一受力阶段的各荷载对应的跨中挠度做对比，将其计算值和试验值列入表 6.7～表 6.9 中。从表中数据定量对比分析可以看出，计算值和试验值比值的平均值误差在 12%以内，二者吻合良好。

表 6.7　混凝土开裂前阶段跨中挠度计算值和试验值对比

试件编号	荷载值/kN	跨中挠度/mm		试验值/计算值
		计算值	试验值	
W2-C-1-30-2	87.5600	0.28514	0.2926	1.026
W3-C-1-30-3	57.1680	0.23247	0.2926	1.259
W4-C-1-30-4	51.6364	0.35626	0.3128	0.878
W5-C-1-30-4	39.2508	0.40670	0.3490	0.858
W6-C-1-30-4	36.4668	0.62110	0.5050	0.813
W4-0-0-30-4	34.4299	0.33470	0.2725	0.814
W4-C-1-20-4	44.9218	0.36155	0.2999	0.829
W4-C-1-40-4	58.7556	0.38881	0.3571	0.918
W4-C-1-30-6	43.3116	0.31875	0.3080	0.966
W4-C-1-30-8	46.1556	0.50529	0.6230	1.233
W4-C-2-30-4	54.8352	0.42022	0.3867	0.920
平均值				0.956
均方差				0.158
变异系数				0.165

表 6.8　混凝土开裂到钢筋屈服阶段跨中挠度计算值和试验值对比

试件编号	荷载值/kN	跨中挠度/mm		试验值/计算值
		计算值	试验值	
W2-C-1-30-2	204.306	0.85119	0.9183	1.079
W3-C-1-30-3	157.212	1.00824	0.8378	0.831
W4-C-1-30-4	146.303	2.22192	1.8867	0.849
W5-C-1-30-4	103.033	2.15084	2.4507	1.139
W6-C-1-30-4	100.284	4.16563	3.8648	0.928
W4-0-0-30-4	111.897	1.97546	1.8365	0.930
W4-C-1-20-4	123.535	1.95850	1.6493	0.842
W4-C-1-40-4	146.889	2.00585	1.9196	0.957
W4-C-1-30-6	194.902	2.79018	2.5432	0.911
W4-C-1-30-8	207.700	2.59948	3.0133	1.159
W4-C-2-30-4	150.797	2.37234	2.1395	0.902
平均值				0.957
均方差				0.117
变异系数				0.122

表 6.9　钢筋屈服后阶段跨中挠度计算值和试验值对比

试件编号	荷载值/kN	跨中挠度/mm		试验值 计算值
		计算值	试验值	
W2-C-1-30-2	379.426	3.25767	3.0071	0.923
W3-C-1-30-3	285.840	4.83637	4.0570	0.839
W4-C-1-30-4	240.970	7.71134	6.7810	0.879
W5-C-1-30-4	196.254	11.94530	11.5960	0.971
W6-C-1-30-4	154.984	12.99360	12.1450	0.935
W4-0-0-30-4	189.365	7.76024	6.2842	0.810
W4-C-1-20-4	224.609	6.70529	5.7495	0.857
W4-C-1-40-4	246.774	7.40906	6.0848	0.821
W4-C-1-30-6	332.056	7.53175	7.3048	0.970
W4-C-1-30-8	353.860	7.54332	6.3269	0.839
W4-C-2-30-4	274.176	7.92744	7.1059	0.896
平均值				0.885
均方差				0.058
变异系数				0.065

图 6.35～图 6.45 和表 6.7～表 6.9 的数据对比说明，本章提出的等效抗弯刚度计算模型合理，能较准确计算碳纤维布加固钢筋混凝土短梁的跨中挠度。

第 7 章　碳纤维布加固钢筋混凝土短梁抗裂和裂缝宽度计算方法

7.1　引　　言

总结国内外对碳纤维布加固钢筋混凝土浅梁裂缝宽度的计算发现，国内外学者对碳纤维布加固钢筋混凝土浅梁裂缝宽度计算的研究较多，计算理论主要包括黏结-滑移理论、无滑移理论、一般裂缝理论 3 种典型计算理论。但缺乏对碳纤维布加固钢筋混凝土短梁抗裂和裂缝宽度计算的研究。

本章根据碳纤维布加固钢筋混凝土短梁的抗裂弯矩和混凝土抗拉强度实测值，计算碳纤维布加固钢筋混凝土短梁的截面抵抗矩塑性系数，给出碳纤维布加固钢筋混凝土短梁抗裂弯矩计算公式。同时，采用混凝土裂缝理论，分析碳纤维布加固钢筋混凝土短梁的平均裂缝间距和裂缝宽度，本书提出考虑碳纤维布加固和跨高比影响的碳纤维布加固钢筋混凝土短梁平均裂缝间距、钢筋应力、钢筋应力不均匀系数及 CFRP 加固钢筋混凝土短梁裂缝宽度的计算公式，可为实际工程应用时所参考。

7.2　正截面抗裂弯矩

碳纤维布加固钢筋混凝土短梁与钢筋混凝土梁一样，均可采用材料力学方法进行正截面抗裂计算，以截面抵抗矩塑性系数反映截面受拉区混凝土的塑性变形对抗裂能力的影响，其表达式为

$$M_{cr} = \gamma f_t W_0 \tag{7.1}$$

$$W_0 = I_0 / (h - x_0) \tag{7.2}$$

式中：M_{cr} 为碳纤维布加固钢筋混凝土短梁的正截面抗裂弯矩；γ 为截面抵抗矩塑性系数；f_t 为混凝土抗拉强度；W_0 为梁截面对受拉边缘的弹性抵抗矩；I_0 为截面惯性矩；x_0 为中性轴距离受压混凝土边缘的高度；h 为梁截面高度。

首先，将试验实测的 M_{cr} 和 f_t 值代入式（7.1）中，将计算的 W_0 值也代入式（7.1）中，计算的 γ 值见表 7.1。从表 7.1 中可以看出，跨高比为 4 的短梁的 γ 值最大，

跨高比为 5 和 6 的短梁的 γ 值次之，跨高比为 2 和 3 的短梁的 γ 值最小，原因是跨高比为 2 和 3 的短梁的截面混凝土应变为曲线分布，跨高比为 5 和 6 的短梁纯弯段较长，粘贴时碳纤维布拉紧程度不如跨高比为 4 的短梁。

表 7.1　截面抵抗矩塑性系数 γ

试件编号	抗裂弯矩 M_{cr} /(kN·m)	混凝土抗拉强度 f_t / MPa	弹性抵抗矩 W_0/(10^6mm³)	γ
W2-C-1-30-2	26.67	2.22	6.74	1.782
W3-C-1-30-3	27.00	2.58	6.73	1.555
W4-C-1-30-4	33.33	2.40	6.88	2.018
W5-C-1-30-4	32.50	2.59	7.04	1.783
W6-C-1-30-4	30.50	2.29	6.97	1.912
W4-0-0-30-4	22.17	1.72	7.06	1.827
W4-C-1-30-4	33.33	2.40	6.88	2.018
W4-C-2-30-4	32.67	2.11	7.08	2.188
W4-C-1-20-4	27.67	2.06	7.01	1.916
W4-C-1-30-4	33.33	2.40	6.88	2.018
W4-C-1-40-4	38.33	2.69	6.85	2.080
W4-C-1-30-4	33.33	2.40	6.88	2.018
W4-C-1-30-6	27.50	1.82	7.22	2.094
W4-C-1-30-8	30.67	2.00	7.90	1.942

综上分析，碳纤维布加固钢筋混凝土短梁的抗裂弯矩计算公式为

$$M_{cr} = \gamma_{mf} f_t W_0 \tag{7.3}$$

式中：γ_{mf} 为碳纤维布加固钢筋混凝土梁截面抵抗矩塑性系数；当 $2 \leqslant l_0 / h < 4$ 时，γ_{mf} 取 1.66；当 $l_0 / h = 4$ 时，γ_{mf} 取 2.0；当 $4 < l_0 / h \leqslant 6$ 时，γ_{mf} 取 1.84。

7.3　平均裂缝间距

钢筋混凝土梁在其底部受拉区粘贴碳纤维布后，裂缝性能得到了较大改善。从作用机理上分析，碳纤维布主要从以下 3 个方面改善了加固梁的裂缝性能[1]。

（1）降低了钢筋应力。在钢筋混凝土梁底部受拉区粘贴碳纤维布后，降低了相同荷载下的钢筋拉应力及应变。由钢筋混凝土裂缝计算理论可知，当受拉钢筋拉应变降低时，其裂缝宽度减小。

（2）增强了受拉材料与混凝土间黏结力。在钢筋混凝土梁受拉区碳纤维布黏结破坏前，碳纤维布与混凝土间具有良好的黏结能力，使裂缝间纵向钢筋及碳纤

维布的拉力可以更有效地通过黏结力向混凝土传递，从而减小裂缝间距和宽度。

（3）降低了保护层的应变梯度。在裂缝计算的无滑移理论中，钢筋位置至受拉区边缘混凝土的应变梯度是影响裂缝宽度的主要因素。在钢筋混凝土梁受拉区混凝土表面粘贴碳纤维布后，降低了从钢筋位置至受拉区边缘的应变梯度，从而降低了加固梁的裂缝宽度。

碳纤维布加固钢筋混凝土梁的裂缝分布特征与普通钢筋混凝土梁有所不同，根据裂缝产生的原因和位置可以分为以下几类[2]。

（1）弯曲应力引起的主裂缝。如图 7.1 所示，开裂后，首先产生裂缝 a。随着荷载增加，在裂缝 a 之间会产生新的裂缝 b，裂缝 a 和裂缝 b 随着荷载的增加而增长，这些裂缝的分布规律取决于钢筋、碳纤维布分别与混凝土间的综合黏结性能，通称为主裂缝。

（2）钢筋附近的次裂缝。碳纤维布与混凝土间的局部黏结应力较大，使主裂缝之间的拉应力达到混凝土抗拉强度，产生短小的次裂缝 c，如图 7.1 所示。由于碳纤维布与混凝土间的局部黏结应力影响的高度较小，这种次裂缝的发展高度也不大。

（3）主裂缝附近的次裂缝。由于梁底部主裂缝的张开受到碳纤维布的限制，当碳纤维布受力很大时，引起的碳纤维布与混凝土界面产生局部剥离裂缝 d，如图 7.1 所示，此类裂缝一般为短斜裂缝，部分与主裂缝相交，引起混凝土的松动脱落[3-8]。

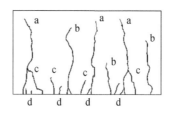

图 7.1 裂缝分类图

上述的 a 类裂缝、发展高度超过梁高 1/3 的 b 类或 c 类裂缝是本章计算裂缝间距和裂缝宽度的主要研究对象。

按照钢筋混凝土结构的黏结-滑移理论[9]分析裂缝间距，其计算模型如图 7.2 所示。设首条裂缝截面 1—1 处的钢筋应力和碳纤维布应力分别为 σ_{s1}、σ_{f1}，另一个即将出现裂缝的位置 2—2 的混凝土拉应力、钢筋应力和碳纤维布应力分别为 f_t、σ_{s2}、σ_{f2}，钢筋与混凝土、碳纤维布与混凝土的黏结应力分别为 τ_s 和 τ_f。设经过平均裂缝间距 l_{mf} 将出现第 2 条裂缝，则由图 7.2（a）在已有裂缝和即将开裂间的平衡条件得

$$\sigma_{s1}A_s + \sigma_{f1}A_{fe} = \sigma_{s2}A_s + \sigma_{f2}A_{fe} + f_t A_c \tag{7.4}$$

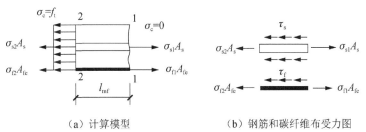

（a）计算模型　　　　　　（b）钢筋和碳纤维布受力图

图 7.2　裂缝间距计算模型

取钢筋隔离体作为研究对象，则有

$$(\sigma_{s1} - \sigma_{s2})A_s = \tau_s u l_{mf} \tag{7.5}$$

取碳纤维布作为研究对象，则有

$$(\sigma_{f1} - \sigma_{f2})A_{fe} = \tau_f b_f l_{mf} \tag{7.6}$$

式中：A_{fe} 为碳纤维布有效面积，$A_{fe} = K_m A_f$，其中 K_m 为厚度折减系数；A_f 为多层碳纤维布面积之和；A_s 为受拉钢筋面积；u 为钢筋周长；b_f 为纤维布宽度。

将式（7.5）和式（7.6）代入式（7.4）中得

$$f_t A_c = \tau_s u l_{mf} + \tau_f b_f l_{mf} = \left(\tau_s \frac{4A_s}{d} + \tau_s \frac{4A_{fe}}{d} + \tau_f \frac{A_{fe}}{t_f} - \tau_s \frac{4A_{fe}}{d} \right) l_{mf} \tag{7.7}$$

式（7.7）经过变换得

$$f_t A_c = 4\tau_s \left(\frac{A_s + A_{fe}}{d} \right) \left[1 + \frac{A_{fe}}{A_s + A_{fe}} \left(\frac{\tau_f d}{4\tau_s t_f} - 1 \right) \right] l_{mf} \tag{7.8}$$

令 $l_m = \left[1 + \dfrac{A_{fe}}{A_s + A_{fe}} \left(\dfrac{\tau_f d}{4\tau_s t_f} - 1 \right) \right] l_{mf}$，代入式（7.8）中求得

$$l_m = \frac{f_t A_c}{4\tau_s \left(\dfrac{A_s + A_{fe}}{d} \right)} = \frac{f_t d A_c}{4\tau_s (A_s + A_{fe})} = \frac{f_t d}{4\tau_s \rho_f} \tag{7.9}$$

式中：ρ_f 为把碳纤维布等效为钢筋的综合有效配筋率，$\rho_f = (A_s + A_{fe}) / A_c$；$d$ 为钢筋直径。

由于式（7.9）与钢筋混凝土构件平均裂缝间距的表达形式相同，为便于计算和应用，碳纤维布加固钢筋混凝土梁平均裂缝间距 l_m 仍采用《混凝土结构设计规范（2015 年版）》（GB 50010—2010）[10]的钢筋混凝土构件平均裂缝间距的计算方法，具体为

$$l_m = 1.9c + 0.08 \frac{d}{\rho_{te}} \tag{7.10}$$

式中：c 为受拉钢筋保护层厚度；对于钢筋混凝土梁，ρ_{te} 为受拉钢筋有效配筋率，对于碳纤维布加固梁，还应考虑受拉区碳纤维布的影响，由于碳纤维布的弹性模量与钢筋基本相同，仍按钢筋混凝土梁中 ρ_{te} 的计算式来确定，只是将受拉钢筋面积用 $(A_s + A_{fe})$ 来代替。因此，对于碳纤维布加固钢筋混凝土梁有

$$\rho_{te} = \frac{A_s + A_{fe}}{0.5bh + (b_f - b)h_f} \tag{7.11}$$

式中：b 为截面宽度；b_f 为受拉翼缘宽度；h_f 为受拉翼缘高度。

根据文献[2]的研究成果，引入加固影响系数 ε

$$\varepsilon = \frac{A_{fe}}{A_s + A_{fe}} \left(\frac{\tau_f d}{4\tau_s t_f} - 1 \right) = \frac{A_{fe}}{A_s + A_{fe}} \left(k_f \frac{d}{t_f} - 1 \right) \tag{7.12}$$

式中：$k_f = \tau_f / (4\tau_s)$ 为黏结作用相关系数。

由以上分析可得碳纤维布加固钢筋混凝土梁的平均裂缝间距 l_{mf} 与未加固混凝土梁 l_m 平均裂缝间距的关系为

$$l_{mf} = \frac{l_m}{1 + \varepsilon} \tag{7.13}$$

由式（7.12）可以看出，ε 与 k_f、碳纤维布与钢筋的面积比有关。将实测碳纤维布加固混凝土梁的平均裂缝间距 l_{mf}^t（上标 t 代表实测值）值与式（7.10）计算得到的 l_m^c（上标 c 代表计算值）值代入式（7.13），可以得到 ε，进而利用式（7.12）可求出 k_f，计算结果见表 7.2。参考文献[2]的拟合结果，并考虑跨高比的影响拟合得

$$k_f = \left(4.5 - 0.5\frac{l_0}{h} \right) \times \left(0.24\frac{A_{fe}}{A_s} \right) \tag{7.14}$$

式中：l_0 / h 为跨高比，取值范围 $2 \leqslant l_0 / h \leqslant 7$，当 $l_0 / h > 7$ 时，取 7，此时 $k_f = 0.24 A_{fe} / A_s$ 和文献[2]中结果一致。

按式（7.14）计算的 k_f^c 值见表 7.2。按式（7.10）～式（7.14）计算的碳纤维布加固钢筋混凝土梁的裂缝间距 l_{mf}^c 见表 7.2。表中实测值 l_{mf}^t 与计算值 l_{mf}^c 比值的平均值为 1.003，均方差为 0.064，变异系数为 0.063，计算值与实测值能够较好地吻合。

表 7.2　平均裂缝间距实测值与计算值对比

试件编号	l_{mf}^t / mm	l_m^t / mm	$\varepsilon = l_m^c / l_{mf}^t - 1$	k_f	k_f^c	l_{mf}^c / mm	l_{mf}^t / l_{mf}^c
W2-C-1-30-2	110	153.67	0.4497	0.1056	0.1047	106.35	1.034
W3-C-1-30-3	111	143.23	0.2455	0.0698	0.0702	114.85	0.966
W4-C-1-30-4	111	135.98	0.1332	0.0468	0.0479	119.50	0.929

试件编号	l_{mf}^t / mm	l_m^c / mm	$\varepsilon = l_m^c / l_{mf}^t - 1$	k_f	k_f^c	l_{mf}^c / mm	l_{mf}^t / l_{mf}^c
W5-C-1-30-4	120	135.98	0.0879	0.0366	0.0383	124.13	0.967
W6-C-1-30-4	125	135.98	0.0460	0.0271	0.0287	129.12	0.968
W4-0-0-30-4	148	143.04	0.000	0.000	0.000	143.04	1.035
W4-C-1-20-4	111	135.98	0.2251	0.0676	0.0479	119.50	0.929
W4-C-1-40-4	133	135.98	0.0224	0.0218	0.0479	119.50	1.113
W4-C-1-30-6	111	122.96	0.1078	0.0425	0.0333	114.60	0.969
W4-C-1-30-8	111	113.12	0.0191	0.0177	0.0244	108.66	1.022
W4-C-2-30-4	95	131.04	0.3794	0.0672	0.0862	86.09	1.103

7.4　裂　缝　宽　度

　　正常使用阶段，碳纤维布加固钢筋混凝土短梁裂缝截面处的应力和应变如图 7.3 所示，根据碳纤维布加固钢筋混凝土短梁的截面应变特点，采用如下基本假定。

　　（1）裂缝截面的受压区混凝土及受拉钢筋仍处于弹性工作状态，其应力-应变关系符合胡克定律，弹性模量均可近似取为定值。

　　（2）裂缝截面的平均应变符合平截面假定，对短梁考虑内力臂修正系数。

　　（3）不考虑裂缝截面受拉区混凝土拉力。

　　（4）钢筋应力未达到屈服应力。

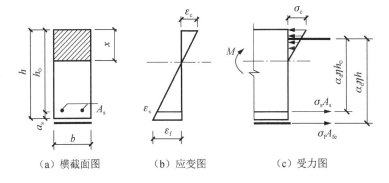

（a）横截面图　　　（b）应变图　　　（c）受力图

图 7.3　碳纤维布加固钢筋混凝土梁裂缝截面应力与应变

由截面弯矩平衡条件可得

$$M = \sigma_s A_s \alpha_d \eta h_0 + \sigma_f A_{fe} \alpha_d \eta h \qquad (7.15)$$

$$M = \sigma_s A_s \alpha_d \eta h_0 \left(1 + \frac{\varepsilon_f E_f A_{fe} h}{\varepsilon_s E_s A_s h_0} \right) \tag{7.16}$$

令碳纤维布影响系数 $\beta_f = \dfrac{\varepsilon_f E_f A_{fe} h}{\varepsilon_s E_s A_s h_0}$ ，代入式（7.16）求出钢筋应力的计算式，

则有

$$\sigma_s = \frac{M}{\alpha_d \eta h_0 A_s (1 + \beta_f)} \tag{7.17}$$

式中：α_d 为短梁的内力臂修正系数，按式（4.1）计算；A_{fe} 和 A_s 分别为碳纤维布有效面积和受拉钢筋截面积；E_f 和 E_s 分别为碳纤维布和钢筋的弹性模量；ε_f 和 ε_s 分别为碳纤维布和钢筋应变；η 为钢筋混凝土浅梁的内力臂系数，为了与《混凝土结构设计规范（2015 年版）》（GB 50010—2010）[10]的未加固钢筋混凝土梁的计算统一，取 $\eta = 0.87$。

$\varepsilon_f / \varepsilon_s$ 的变化范围不大，按文献[2]的建议，$\varepsilon_f / \varepsilon_s = 1.08$，并得到 β_f 的近似计算式为

$$\beta_f = 1.08 \frac{E_f A_{fe} h}{E_s A_s h_0} \tag{7.18}$$

与未加固钢筋混凝土梁的裂缝宽度计算方法相似，碳纤维布加固混凝土梁的短期平均裂缝宽度取为平均裂缝间距范围内钢筋与混凝土平均受拉伸长之差，其平均裂缝宽度的计算式为

$$w_m = \psi \left(1 - \frac{\overline{\varepsilon_c}}{\overline{\varepsilon_s}} \right) \frac{\sigma_s}{E_s} l_{mf} = \psi a_c \frac{\sigma_s}{E_s} l_{mf} \tag{7.19}$$

式中：a_c 为裂缝间混凝土伸长对裂缝宽度的影响系数，试验结果为 0.85；$\overline{\varepsilon_c}$ 和 $\overline{\varepsilon_s}$ 分别为裂缝间混凝土和钢筋平均应变；l_{mf} 为碳纤维布加固钢筋混凝土梁的平均裂缝间距，按式（7.13）计算，其中的 l_m 可按式（7.10）计算；ψ 为钢筋应力不均匀系数。

钢筋应力不均匀系数 ψ 反映了受拉区混凝土参与受拉工作程度，其表达式为

$$\psi = 1.1(1 - M_{cr} / M) \tag{7.20}$$

式中：M_{cr} 为抗裂弯矩，按照式（7.3）计算；M 可以按照式（7.16）计算。

短期荷载下，最大裂缝宽度与平均裂缝宽度相比，需要加入一个裂缝扩大系数。根据对试验结果的分析，对于碳纤维布加固钢筋混凝土梁，仍可沿用未加固钢筋混凝土梁的统计结果取 1.66。因此，碳纤维布加固钢筋混凝土梁短期荷载下最大裂缝宽度计算式为

$$w_{max} = 1.66 \times 0.85 \psi \frac{\sigma_s}{E_s} l_{mf} = 1.41 \psi \frac{\sigma_s}{E_s} l_{mf} \tag{7.21}$$

按式（7.21）计算的纵向钢筋位置的最大裂缝宽度与试验量测结果的比较见表 7.3。可以看出，理论计算与试验结果相差不大。平均裂缝宽度的试验值与计算值之比的平均值为 1.153，均方差为 0.287，变异系数为 0.249。最大裂缝宽度的试验值与计算值之比的平均值为 1.108，均方差为 0.256，变异系数为 0.231。

表 7.3　裂缝宽度实测值与计算值对比

试件编号	荷载/ kN	M / (kN·m)	$\dfrac{M}{M_y}$	w_m^t / mm	w_m^c / mm	$\dfrac{w_m^t}{w_m^c}$	w_{max}^t / mm	w_{max}^c / mm	$\dfrac{w_{max}^t}{w_{max}^c}$
W2-C-1-30-2	210	35.00	0.843	0.05	0.06	0.833	0.08	0.10	0.800
	240	40.00	0.964	0.08	0.09	0.889	0.16	0.15	1.067
W3-C-1-30-3	128	32.00	0.611	0.04	0.03	1.333	0.06	0.05	1.200
	160	40.00	0.763	0.06	0.07	0.857	0.12	0.12	1.000
	190	47.50	0.906	0.08	0.11	0.727	0.16	0.19	0.842
W4-C-1-30-4	130	43.33	0.688	0.06	0.04	1.500	0.10	0.07	1.429
	160	53.33	0.847	0.08	0.09	0.889	0.14	0.15	0.933
	175	58.33	0.927	0.12	0.11	1.091	0.20	0.18	1.111
W5-C-1-30-4	90	37.50	0.630	0.06	0.05	1.200	0.10	0.08	1.250
	120	50.00	0.840	0.13	0.10	1.300	0.20	0.17	1.176
	140	58.33	0.980	0.16	0.14	1.143	0.26	0.23	1.130
W6-C-1-30-4	85	42.50	0.672	0.06	0.05	1.200	0.10	0.09	1.111
	100	50.00	0.791	0.08	0.09	0.889	0.16	0.15	1.067
	115	57.50	0.910	0.12	0.12	1.000	0.18	0.20	0.900
W4-0-0-30-4	90	30.00	0.588	0.05	0.04	1.250	0.08	0.07	1.143
	110	36.67	0.719	0.10	0.08	1.250	0.16	0.14	1.143
	140	46.67	0.915	0.16	0.14	1.143	0.26	0.23	1.130
W4-C-1-20-4	105	35.00	0.680	0.05	0.03	1.667	0.06	0.05	1.200
	120	40.00	0.777	0.06	0.05	1.200	0.10	0.09	1.111
	150	50.00	0.972	0.09	0.10	0.900	0.12	0.16	0.750
W4-C-1-40-4	130	43.33	0.763	0.04	0.02	2.000	0.08	0.04	2.000
	150	50.00	0.880	0.08	0.05	1.600	0.12	0.09	1.333
	170	56.67	0.997	0.11	0.08	1.375	0.16	0.14	1.143
W4-C-1-30-6	155	51.67	0.526	0.09	0.07	1.286	0.14	0.12	1.167
	200	66.67	0.678	0.13	0.12	1.083	0.20	0.19	1.053
	260	86.67	0.882	0.18	0.18	1.000	0.24	0.29	0.828
W4-C-1-30-8	190	63.33	0.585	0.07	0.07	1.000	0.10	0.11	0.909
	250	83.33	0.769	0.09	0.11	0.818	0.14	0.18	0.778
	310	103.33	0.954	0.12	0.15	0.800	0.20	0.25	0.800
W4-C-2-30-4	130	43.33	0.683	0.06	0.04	1.500	0.10	0.06	1.667
	150	50.00	0.788	0.07	0.06	1.167	0.12	0.10	1.200
	170	56.67	0.894	0.08	0.08	1.000	0.14	0.13	1.077

参 考 文 献

[1] 高丹盈，钱伟. 碳纤维布加固钢筋混凝土梁裂缝宽度的计算方法[J]. 工业建筑，2006（s1）：167-171.

[2] 庄江波，叶列平，鲍轶洲，等. CFRP 布加固混凝土梁的裂缝分析与计算[J]. 东南大学学报（自然科学版），
　　2006，36（1）：86-91.

[3] 叶列平，方团卿，杨勇新，等. 碳纤维布在混凝土梁受弯加固中抗剥离性能的试验研究[J]. 建筑结构，2003，
　　33（2）：61-65.

[4] 邓宗才. 碳纤维布增强钢筋混凝土梁抗弯力学性能研究[J]. 中国公路学报，2001，14（2）：45-51.

[5] 赵彤，谢剑，戴自强. 碳纤维布加固钢筋混凝土梁的受弯承载力试验研究[J]. 建筑结构，2000，30（7）：11-15.

[6] 刘志强. 碳纤维加固受弯钢筋混凝土梁的实验研究与理论分析[D]. 成都：西南交通大学，2002.

[7] 庄江波，叶列平. CFRP 布加固钢筋混凝土梁的裂缝研究[J]. 工业建筑，2004（s1）：72-78.

[8] 赵鸣，赵海东，张誉. 碳纤维片材加固钢筋混凝土梁受弯试验研究[J]. 结构工程师，2002（s1）：52-58.

[9] 过镇海. 钢筋混凝土原理[M]. 北京：清华大学出版社，2013.

[10] 中华人民共和国住房和城乡建设部，中华人民共和国国家质量监督检验检疫总局. 混凝土结构设计规范（2015
　　年版）：GB 50010—2010[S]. 北京：中国建筑工业出版社，2010.

第8章 碳纤维片材加固钢筋混凝土结构应用实例

8.1 引　　言

碳纤维片材加固修复混凝土结构技术是一项新型、高效的结构加固修补技术，此项技术在美国、日本、欧洲、韩国等发达国家和地区已成熟运用。20 世纪 90 年代，我国一些科研单位开始碳纤维布加固技术的研究与运用，1998 年 4 月完成的北京巨龙公司 1 号建筑加固工程，是国内首个粘贴碳纤维片材加固的工程实例。

21 世纪以来，碳纤维片材加固钢筋混凝土结构已经有很多成功的应用实例，本章仅在建筑工程、高速公路桥梁工程和城市桥梁工程三个领域收集国内碳纤维片材加固在土木工程领域的应用实例，以供参考。

8.2　建筑工程应用

8.2.1　工程概况[1]

河北石家庄某旧楼，建造于 20 世纪 80 年代初，为地下 1 层剪力墙、地上 4 层框架-预制空心板结构。原设计地下为库房，地上 1~4 层为餐厅（活荷载为 2.5kN/m²），厨房（活荷载为 4.0kN/m²）设在一层。现计划改建 1 层为工商银行，2 层为职工食堂，3~4 层为办公楼。由于功能改变，荷载增大，原梁、板、柱不能满足设计要求，需要加固。经过方案论证和经济技术可行性比较，决定采用碳纤维增强复合材料进行加固。

本工程使用的材料为碳纤维布（XEC-200 和 XEC-300）和碳纤维板（XEC-P5 和 XEC-P10）。

8.2.2　构造做法

为了加强梁底碳纤维布的锚固及增加梁的抗剪能力，加固时在梁端每侧粘贴 150mm 宽 U 形箍 5 道，在主次梁相交处每侧粘贴 150mm 宽 U 形箍 2 道。U 形粘贴的高度宜取构件截面高度。对于 U 形粘贴形式，在上端粘贴纵向碳纤维布压条。根据设计要求并考虑到碳纤维布多层粘贴，受施工现场影响的因素较大，受弯构件粘贴碳纤维布的层数为 2 层，受压构件粘贴碳纤维布的层数为 3 层。

8.2.3　施工工艺

施工工艺如下：放线→被粘贴结构物表面处理（基底处理）→基层表面清理→涂刷底胶、找平→粘贴碳纤维布（板）→固化→表面涂装。

考虑本工程特殊施工环境因素，加固中应进行卸荷。加固前先将板面粉刷层及板面杂物清除。本工程加固施工中，应先凿开保护层直至结构层基面，方可进行下一步处理。

1. 放线

在混凝土粘贴碳纤维布（板）的位置测放打磨控制线，打磨控制线比实际粘贴位置线每边宽 5cm。待打磨工作完成后，补加粘贴碳纤维布（板）的位置线。

2. 混凝土面层的清理打磨

用角磨机、圆磨片和钢丝刷在混凝土面上需粘贴碳纤维布（板）的部位进行打磨，磨去混凝土表面浮层，直至打磨出坚实面，突出混凝土面，影响粘贴的钢筋头和混凝土突起处要用砂轮切掉，混凝土表层出现剥落、空鼓、蜂窝、腐蚀等劣化现象的部位应予以剔除，用指定材料修补，裂缝部位应首先进行封闭处理。用棉丝和丙酮将打磨过的混凝土面清理干净，做到混凝土表面清洁、干燥、基本无粉尘。构件转角部位需打磨成圆角，其半径不小于 20mm。

3. 找平

按照使用说明配制找平材料进行找平工作，用小铲刀将配制好的找平胶刮在混凝土表面凹陷部位，刮严刮实，对于局部较高的突起部分，应用砂轮或磨片磨平，构件表面的小孔、内角用找平材料涂刮后，表面仍存在的凹凸糙纹用砂纸打磨平整。找平材料指触干燥后方可进行粘贴工作。找平材料的配制要严格按照使用说明，混合后要充分搅拌均匀。

4. 涂底胶

按配合比主剂：固化剂=3∶1 配置底胶。将主剂与固化剂先后置于容器中，用弹簧秤计量，用电动搅拌器均匀搅拌。根据现场实际气温决定用量并严格控制使用时间，一般情况下 20～50min 用完。

将底胶均匀涂刷于混凝土表面，待胶固化后（固化时间视现场气温而定，以指触干燥为准）再进行下一工序施工。一般固化时间为 6～24h。

5. 粘贴碳纤维布（板）

按照设计要求的尺寸及数量裁剪碳纤维布（板）。碳纤维为单向受力材料，顺着纤维的方向为受力方向，裁剪时要特别注意方向，切忌将纤维斜切断。裁剪时尽量不出现拉丝现象。

调配、搅拌粘贴材料用胶（使用方法与涂底胶相同）。根据所放的粘贴控制线，用刷子将粘贴胶均匀涂抹于粘贴部位，一般涂刷厚度以 0.3～0.5mm 为宜，中间厚，两边薄，在搭接或构件拐角等部位要多涂抹一些粘贴胶。

碳纤维布的粘贴方法：在确定所粘贴部位无误后，将碳纤维布一端粘贴在混凝土面上，一边粘贴，一边用特制滚子沿碳纤维布受力方向向同一方向反复滚压、压实，去除气泡和皱纹，以使碳纤维布与混凝土表面紧密黏结，同时使粘贴用胶充分浸透碳纤维布。多层粘贴应重复上述步骤，需在 1h 内完成，否则待上一层碳纤维布粘贴完 12h 以后，方可进行下一层的粘贴。

碳纤维板的粘贴方法：在确定所粘贴部位无误后，将胶均匀涂抹在混凝土和碳纤维板面，先将碳纤维板一端粘贴在混凝土面上，采用顶丝木方进行加压，以使碳纤维板与混凝土表面紧密黏结，多层粘贴应重复上述步骤，需在 1h 内完成，否则待上一层碳纤维板粘贴完 12h 以后，方可进行下一层的粘贴。碳纤维布（板）沿纤维受力方向的搭接长度不得小于 100mm。

6. 养护

碳纤维布粘贴好后，不得扰动。

主要施工做法如图 8.1～图 8.5 所示。

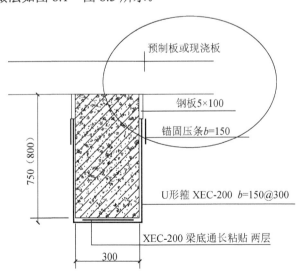

图 8.1　梁加固示意图（单位：mm）

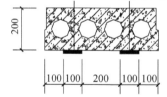

图 8.2 600mm 宽预制板加固示意图（单位：mm）

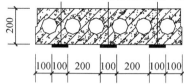

图 8.3 900mm 宽预制板加固示意图（单位：mm）

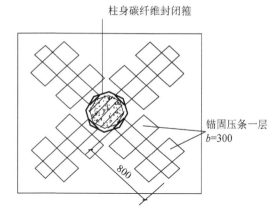

图 8.4 柱根部加固示意图（单位：mm）

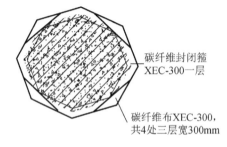

图 8.5 柱加固示意图

8.2.4　质量要求

（1）工程验收时，必须有碳纤维布（板）及配套结构胶生产厂家所提供的材料检验证明。

（2）每道工序结束后均应按工艺要求进行检查验收，并做好相关的验收记录，如有质量问题，必须返工。

（3）用小锤等工具轻轻敲击碳纤维布（板）表面，以回音判断碳纤维布（板）与混凝土之间黏结效果，若有空鼓，用针管注胶进行补救。黏结面积率应不小于90%，否则必须返工。

（4）严格控制施工现场的温度和湿度。施工温度为 5～35℃，相对湿度≤70%。

本工程从设计到竣工投入使用的时间不到 4 个月，采用碳纤维加固的施工技术，从准备到竣工只用了 40d。投入使用后，没有出现任何质量问题，施工效果良好，得到了设计单位、监理单位、业主的好评。

8.3　高速公路桥梁工程应用

8.3.1　工程概况[2]

石安高速公路邯郸北互通（K0+469.302）匝道桥，桥梁上部结构为 4 孔普通钢筋混凝土箱式连续梁，跨径 21m+25m+25m+21m，下部结构为独柱墩、双柱式台、钻孔灌注桩基础。因设计原因，原桥桥梁自身恒载横向不平衡，且经过多年运营，由于超载车辆多，渠化交通明显等作用，箱梁底部出现多处横向贯通裂缝，缝宽约为 0.25mm，有新旧裂缝同时存在，说明裂缝还在持续发展。因此设计要求，通过在箱梁底部贴碳纤维布，增强箱梁承载力和安全性，封堵裂缝避免水及湿气进入锈蚀钢筋。

8.3.2　材料选定

本工程设计要求采用 $300g/m^2$ 高强度碳纤维布对板底裂缝进行加固，根据近几年工程使用效果对比，决定采用河北省建筑科学研究院冀研系列碳纤维布和配套树脂，其中碳纤维布采用的是国外进口优质丝，质量可靠稳定，费用合理。产品通过国家建筑材料测试中心检验，各项性能指标达到《混凝土结构加固设计规范》（GB 50367—2013）中碳纤维和纤维增强复合材料安全性能指标，满足设计要求。表 8.1 和表 8.2 是碳纤维布和配套树脂的设计指标与检验值对比结果。

表 8.1　碳纤维布设计指标与检验值对比

性能项目	设计指标	检验值
抗拉强度标准值/MPa	≥3000	3685
受拉弹性模量/MPa	≥2.0×10⁵	2.46×10⁵
伸长率/%	≥1.5	1.76
抗弯强度/MPa	≥700	723

表 8.2　配套树脂性能设计指标与检验值对比

性能项目	设计指标	检验值
拉伸剪切强度/MPa	≥10	15.4
抗拉强度/MPa	≥30	41.6
抗压强度/MPa	≥70	72.5
抗弯强度/MPa	≥40	54.0
正拉黏结强度/MPa	≥2.65	4.94

8.3.3　施工方案及施工工艺

1. 施工方案

当裂缝宽度为 0.15～0.5mm 时，进行 40cm（裂缝两侧各 20cm）宽度的单层碳纤维布加固；当裂缝宽度大于 0.5mm 时，进行 40cm（裂缝两侧各 20cm）宽度的双层碳纤维布加固。

2. 施工机具准备

主要施工机具见表 8.3。

表 8.3　主要施工机具

设备名称	数量	说明
柴油发电机组/台	1	康明斯 30kW
电动空压机/台	1	唐山力发 W-3/5（3m³）
磨光机/角磨机/台	8	日立 GWS8-100
冲洗机/台	1	合肥大力神 K-145T，高度 12.5m
支架/套	1	碗扣式支架

3. 施工工艺及步骤

施工工艺及步骤如下：底面处理→预涂底胶→找平处理→碳纤维布粘贴胶涂刷→碳纤维布粘贴→表面涂刷面胶→表面装饰。

1）底面处理

对破损部位的混凝土在粘贴碳纤维布之前进行剔除，并用不低于箱梁混凝土设计强度的高标号环氧树脂砂浆修复、抹平。

（1）混凝土结构表面打磨。用转子角磨机打磨加固混凝土结构表面，除去加固结构表面杂物及砂浆使加固范围内的混凝土鲜体露出，打磨时注意不要形成尖角。

（2）用电动空压机将打磨后的混凝土表面粉尘吹干净，必要时用丙酮或酒精进行擦拭，直至用手触摸不粘灰为止。

（3）裂缝处理。对于大于 0.15mm 的裂缝，采取灌浆的方法进行处理；对于小于 0.15mm 的裂缝，采用环氧胶进行密封处理。

2）预涂底胶

预涂底胶的作用是提高混凝土表面黏结强度，提高混凝土主体和环氧树脂粘贴性。预涂前确认施工所处环境（温度、湿度等）和混凝土表面干燥情况。

（1）气温低于 5℃，预涂底胶干燥不良时要终止施工，不得不施工时，要采取保温、加温措施，以确保正常施工。

（2）粘贴面不可有水。

（3）确认施工面有无积水，有积水用棉丝等擦去，并采取止排水措施，待表面干燥后方能继续施工。

（4）相对湿度为 85%时，会造成预涂不良，要采取换气（通风）等措施，降低湿度。

（5）确认混凝土表面是否有灰尘，若有，则用吹风机、棉丝等除去。

预涂底胶配制步骤如下：

（1）使用计量混合容器，确认没有脏物和内溶物时，方可使用树脂、溶剂等。

（2）一次使用量要考虑可使用时间和涂装面积，混合量要在可使用时间以内用完，若有剩余，不能再使用。

（3）按产品说明配合比要求进行组分配合，将底胶两组分环氧树脂主剂：固化剂按产品说明掺配比例配置并搅拌均匀（视施工时温度、湿度和施工人员熟练程度适当降低固化剂比例，延长混合底胶凝固时间）。用短毛滚刷均匀涂抹，静置 3～7h。至手触摸不粘手时，方可进行下一道工序。每次底胶拌和量不宜过多，应做到随用随拌，不得使用失效的环氧树脂；拌和器具应干净清洁，不得使用已浸过溶剂的毛滚。

（4）用电动搅拌机或刮刀等工具进行充分搅拌达到均匀（3min 左右）。

（5）对混合容器下部底角处，很难搅拌到位，搅拌时应特别注意。

底胶涂刷步骤如下。

（1）用毛刷、滚刷等工具将底胶均匀地涂抹在粘贴碳纤维布范围的表面。

（2）涂刷量根据混凝土表面状态而定。

（3）涂刷次数为 1～2 次。涂刷后，预涂胶吸收量大时，需要增加涂刷次数。

干燥：干燥条件因预涂底胶种类及施工环境而异，但是应以指触不粘手指为宜。

3）找平处理

为了防止混凝土表面和碳纤维布间因留有空气而膨起，主体表面必须平滑，轻微凹凸和阶差、针孔（气泡）等，要用找平胶进行找平处理或进行局部打磨。找平处理前，确认施工环境、施工面有无积水及预涂底胶指触固化程度等，要求同前所述。干燥条件因环境、温度不同而不同，找平胶需确认指触干燥，方可进行下道工序。找平胶固化后，用电动砂轮或角磨机等，去掉突出、气泡部分，打磨平整。

4）碳纤维布粘贴胶涂刷

（1）粘贴胶涂刷前，要检查施工环境、温度、湿度、施工面有无积水、找平胶指触是否粘手等，确定符合《碳纤维片材加固混凝土结构技术规程（2007 年版）》（CECS 146—2003）的要求。

（2）粘贴胶混合。粘贴胶树脂有夏用（S）和冬用（W）两种，施工时应根据季节注意区分使用。

（3）涂刷粘贴胶。用滚刷等将粘贴胶均匀涂刷在混凝土表面，混凝土的表面状态不同、碳纤维布的种类不同，粘贴胶的涂量也不同，涂量标准是，对于 $300g/m^2$ 的碳纤维片设计树脂用量为 $700～800g/m^2$。

5）碳纤维布粘贴

在涂刷粘贴胶后立即粘贴碳纤维布，加固混凝土主体。注意碳纤维布的粘贴方向，并保证粘贴胶完全浸渍充分脱泡。

（1）准备碳纤维布。确认所用碳纤维布的厂家、规格及数量是否满足要求。

（2）裁剪。根据现场按图纸丈量粘贴部分尺寸，粘贴层数，下料用剪刀或割刀裁剪所需碳纤维布片数。对裁剪好的碳纤维布进行编号标识后卷起，保管在没有灰尘、阳光不直射及没有水分处；碳纤维布的废布作为工业废料进行废弃处理。

（3）粘贴。粘贴胶涂刷后，迅速确认碳纤维布的粘贴方向，立即粘贴于粘贴胶涂刷面。粘贴胶要根据环境区分可使用时间，气温高时要注意粘贴胶易迅速固化；检查粘贴位置，要对准确定位置粘贴；粘贴碳纤维布时要从中间向两侧进行粘贴，可避免施工时产生气泡，影响加固效果。边粘贴边用滚刷沿纤维方向滚压，同时将气体排出；粘贴作业重要的是使碳纤维完全浸渍于树脂中的操作，一有疏忽就会留有空气，导致碳纤维布与加固主体粘贴不良，可用罗拉（专用工具）沿着碳纤维方向在碳纤维布上滚压多次，使树脂渗浸入碳纤维中。粘贴中做好碳纤维布接头处理，要求顺碳纤维方向搭接长度不小于 10cm，各层之间的搭接部位不得位于同一条直线上，层间接头必须错开至少 50cm；碳纤维的横向不需要搭接。

6）表面涂刷面胶

碳纤维布粘贴后静置 30～60min，在碳纤维布外表涂刷面胶。碳纤维布粘贴平滑，确认粘贴胶有无渗出（粘贴后 30min 左右），用滚刷等在表面涂刷面胶，沿碳纤维方向均匀涂刷，使面胶充分浸渍。对于 $300g/m^2$ 的碳纤维布，面胶涂量一般为 $700～800g/m^2$，特别要注意端部与底面密接。表面涂刷后到面胶固化，检查碳纤维布有无浮起、膨起、剥落等现象，如果发生浮起、膨起、剥落等立即修正。措施如下。

（1）用滚珠榔头检查浮起、膨起，进行标记。

（2）在浮起、膨起的上部和下部两处开小孔。

（3）采用专用注射器由下部孔打入粘贴胶，由上部孔流出粘贴胶时注入结束。

用罗拉等专用工具处理浮起、膨起，沿碳纤维方向抹平，把内部气泡挤出；用橡皮刀沿纤维方向修补剥落、皱纹。

碳纤维布贴好后，自然养护 24h，养护过程中不宜受潮、受震，不得有过大荷载直冲碳纤维布表面。

7）表面装饰

待树脂完全固化后，在碳纤维布表面涂刷一层碳纤维专用漆，其颜色和原来的结构相同。

8.4　城市桥梁工程应用

8.4.1　工程概况

1. 工程简介

郑州熊儿河桥位于城东路和熊儿河交叉处，该桥旧桥部分始建于 1966 年，桥面净宽 10.5m，桥长 26.4m，为组合梁式简支桥，共三跨，每跨长 8.8m，每跨由 7 根 T 形梁组成，设计荷载为汽-10。1986 年，鉴于旧桥不适合当时交通量及荷载的要求，对其进行扩建，扩建工程主要是在原有旧桥的基础上两侧加宽，相当于在旧桥的两侧新建了两座并行的桥（考虑到减小新旧桥的不均匀沉降，新旧桥三桥不连），加宽部分为三跨连续梁，两侧均增加净宽 8m，设计荷载等级为汽-20。对于新旧桥的结合处，当时设计资料要求凿毛混凝土表面至主梁上部钢筋，加负弯矩钢筋施以焊接，使其成为连续梁，以减少负弯矩。实际检测发现，这项工程并没有采取以上措施。

主梁为变截面 T 形梁，主梁长 8.8m、高 56cm、底面宽 15cm、上翼缘宽 31cm、高 6cm，T 形梁变截面处高 10cm，梁肋高 40cm、宽 15cm，主梁钢筋主肋底面配置两排 4 根 $\phi20$ 钢筋，翼缘部分配置一排架立筋和一排 $\phi12$ 受压钢筋。

此次检测及加固主要针对老桥部分，不考虑扩建工程。

2. 无损检测结果及分析

由于篇幅有限，本节只对主梁的检测结果做简要介绍，检测的主要内容为混凝土强度等级、碳化深度，裂缝位置、宽度、长度及主梁钢筋锈蚀和渗漏情况。

在 28 根主梁中选择 7 根进行检测，检测结果见表 8.4[4-6]。

表 8.4　混凝土强度检测

建筑物部位	工程部位	混凝土强度等级				
		标准差/MPa	平均碳化深度/mm	评定强度值/MPa	平均保护层厚度/mm	设计强度等级
主梁	L-1	2.644	24.5	23.6	32.2	C25
	L-2	1.446	25.0	24.8	31.6	C25
	L-3	3.293	25.0	25.4	32.5	C25
	L-4	1.350	24.0	24.5	32.8	C25
	L-5	1.877	27.0	26.2	33.0	C25
	L-6	1.549	24.5	25.0	33.5	C25
	L-7	2.312	25.5	26.7	32.0	C25

新老桥交接处的 4 根主梁，位于新老桥施工缝处，由于存在渗水现象，钢筋锈蚀比较严重，经过千分尺测量，底部 $\phi20$ 的钢筋锈蚀深度达 3m，混凝土膨胀剥落。其他主梁表面较平整，没有发现钢筋锈蚀情况。

对主梁裂缝检测进行分析，具体如下。

（1）主梁最大裂缝宽度达 0.3mm，已经达到道路与桥梁设计规范耐久性中所规定的 0.3mm，最大裂缝位于中间主梁上。

（2）每条梁裂缝为 11～15 条，裂缝密度为 1.25～1.70 条/m，裂缝长度最小为 20cm，最大直至主梁顶部，达 60cm，大部分裂缝长度为 40～55cm。

（3）裂缝几乎是竖直缝，梁两端约 80cm 之内没有裂缝，甚至在主梁两端的弯剪区也没有出现斜裂缝。

8.4.2 加固方案

经检测、分析和计算，决定采用粘贴碳纤维布的方法对该旧桥主梁进行加固，使该桥荷载等级从汽-10 提高到汽-20。具体加固方案[7-8]如下：在主梁底面粘贴 2 层碳纤维布，幅宽为 15cm；在侧面粘贴 2 层碳纤维布，幅宽为 10cm，在主梁两端各粘贴 4 条幅宽为 10cm、间距为 20cm 的 U 形箍，如图 8.6 所示。

图 8.6 加固方法

8.4.3 静载试验

为了保证该桥梁荷载试验能顺利、有效地进行，制定了荷载试验的方案和试验工况[9]。因试验工况过多，限于篇幅，本节仅给出 3 种静力试验工况，即分别是汽车荷载（20t）在桥梁北跨、中跨、南跨移动过程中，在梁的纵向分别测定各个不同位置的挠度。

各位置的最大挠度检测值见表 8.5，当汽车荷载在北跨移动时，挠度最大值出现在北跨跨中，为 4.9mm；当汽车荷载在中跨移动时，挠度最大值出现在两个位置，分别是北跨跨中为 3.9mm，中跨跨中为 3.8mm；当汽车荷载在南跨移动时，挠度最大值出现在中跨跨中（3.9 mm）和南跨跨中（3.5 mm）。

表 8.5 汽车荷载自北跨向南跨移动时主梁最大挠度检测值 （单位：mm）

工况位置	北跨梁		中跨梁			南跨梁	
	支座	跨中	支座	跨中	支座	跨中	支座
北跨加载	0.8	4.9	1.0	0.4	0.1	0.1	0.1
中跨加载	1.0	3.9	0.5	3.8	0.4	2.0	0.3
南跨加载	0.4	1.9	0.5	3.9	0.3	3.5	0.1

试验结果表明，最大挠度值除北跨为 4.9mm 外，其余的都在 3.9mm 以内。该桥挠度校验系数为 0.32～0.78，属于常规值范围，说明在汽-20 级标准荷载作用

下，该桥承载能力满足使用要求，且具有较大储备。

8.4.4 结论

（1）通过加固后静载试验看出，桥梁的刚度有了较大的提高，但延性并未降低，且承载能力得到大大地提高，对梁的裂缝控制效果也非常明显，达到工程加固目的，使桥梁承载等级从汽-10提高到汽-20。

（2）虽然侧向粘贴碳纤维布进行加固的效果略低于底面粘贴，但在无法实施底面粘贴或底面粘贴层数过多情况下，侧面粘贴加固效果仍然比较理想，且侧面粘贴对提高抗剪和控制裂缝扩展也有很大作用。

（3）U形箍的锚固作用十分明显，特别是对于防止碳纤维布发生剥离破坏的作用，但本章在设计时只考虑U形箍的锚固作用，未考虑其抗剪效果。

参 考 文 献

[1] 王鸿升. 碳纤维布（板）在加固混凝土结构中的应用[J]. 施工技术，2008，37（s2）：277-279.

[2] 韩永红. 碳纤维布维修加固旧桥施工技术[J]. 公路交通科技（应用技术版），2015（7）：23-25.

[3] 张照方，李伟涛，张雷顺. 桥梁的无损检测及碳纤维布加固应用[J]. 河南科学，2013，31（8）：1241-1243.

[4] 姚谦峰，陈平. 土木工程结构试验[M]. 北京：中国建筑工业出版社，2001.

[5] 中华人民共和国住房和城乡建设部. 混凝土结构加固设计规范：GB 50367—2013[S]. 北京：中国建筑工业出版社，2013.

[6] 郑州大学交通与结构工程技术研究所. 郑州市熊儿河桥检测报告[R]. 郑州：郑州大学，2007.

[7] 崔士起，张田德，成勃，等. 混凝土梁侧贴加固抗弯承载力研究[C]//中国土木工程学会. 第二届全国土木工程用纤维增强复合材料（FRP）应用技术学术交流会论文集. 北京：清华大学出版社，2002：358-361.

[8] 张雷顺，王小静. 侧贴碳纤维布加固RC梁的抗弯性能研究[J]. 人民黄河，2008，30（1）：61-62.

[9] 宋一凡，贺拴海. 公路桥梁荷载试验与结构评定[M]. 北京：人民交通出版社，2002.